校企合作·基于工作工程导向的项目化创新系列教材
高等职业教育土建类"十三五"系列教材

建筑工程定额与预算

JIANZHU GONGCHENG DINGE YU YUSUAN

主　编　吴　佳

副主编　汪瑞峰　王雅婧

　　　　张金玉　刘　婷

　　　　梁　伟　王文璟

主　审　姚文青　袁建新

U0303300

华中科技大学出版社
http://press.hust.edu.cn
中国·武汉

内 容 简 介

本书基于《上海市建筑和装饰工程预算定额》(SH01－31－2016)和《建筑工程建筑面积计算规范》(GBT50353－2013),系统介绍上海市新定额的应用、施工图预算编制实例,内容涵盖新定额中的工程量计算规范条文说明及对应的配图实例解析,全书由两大模块十八个学习情境及附录、附图组成,通过实际案例图纸的详细解析来阐述新预算定额中的说明和工程量计算规则。模块中各任务的相关知识介绍,主要是相关施工过程工序等,便于进一步掌握计算定额中各分部分项工程量。

本书既可作为高等职业院校工程造价相关专业的专业课程教材或辅助教材,又能作为上海市建设工程造价专业人员的培训资料。

为了方便教学,本书还配有电子课件等教学资源包,任课教师还可以发邮件至 husttujian@163.com 索取。

图书在版编目(CIP)数据

建筑工程定额与预算/吴佳主编.—武汉:华中科技大学出版社,2020.1(2024.7重印)
ISBN 978-7-5680-5854-4

Ⅰ.①建… Ⅱ.①吴… Ⅲ.①建筑经济定额-高等职业教育-教材 ②建筑预算定额-高等职业教育-教材
Ⅳ.①TU723.3

中国版本图书馆 CIP 数据核字(2019)第 299106 号

建筑工程定额与预算 吴 佳 主编
Jianzhu Gongcheng Ding'e yu Yusuan

策划编辑:康 序
责任编辑:狄宝珠
责任监印:朱 玢
出版发行:华中科技大学出版社(中国·武汉) 电话:(027)81321913
　　　　　武汉市东湖新技术开发区华工科技园 邮编:430223
录　　排:武汉三月禾文化传播有限公司
印　　刷:武汉邮科印务有限公司
开　　本:787mm×1092mm　1/16
印　　张:15.75
字　　数:396 千字
版　　次:2024 年 7 月第 1 版第 2 次印刷
定　　价:55.00 元

前言

⎯⎯⎯⎯⎯⎯ ○ ○ ○

本书基于《上海市建筑和装饰工程预算定额》(SH01－31－2016)和《建筑工程建筑面积计算规范》(GBT50353－2013),系统介绍上海市新定额的应用、施工图预算编制实例,内容涵盖新定额中的工程量计算规范条文说明及对应的配图实例解析,全书由两大模块十八个任务及附录、附图组成,通过实际案例图纸的详细解析来阐述新预算定额中的说明和工程量计算规则。模块中各任务的相关知识介绍,主要是相关施工过程工序等,便于进一步掌握计算定额中各分部分项工程量。

本书的主要特点如下:

(1)基于《上海市建筑和装饰工程预算定额》(SH01－31－2016)和《建筑工程建筑面积计算规范》(GBT50353－2013),对应新定额中的工程量计算规则条文说明,本书编写了相应的实例解析,使广大读者更好地熟悉使用新定额。

(2)本书附录中摘录了《建筑工程主要材料损耗率取定表》,以便了解预算定额计量时已取定的损耗率。

(3)为方便读者提高实际操作的动手能力,本书最后提供了一份实例图纸,供读者进一步理解应用新定额。

本书既可作为高等职业院校工程造价相关专业的专业课程教材或辅助教材,又能作为上海市建设工程造价专业人员的培训资料。

本书由上海城建职业学院吴佳担任主编,由上海城建职业学院汪瑞峰、王雅婧、张金玉、刘婷,上海中侨职业技术学院梁伟,铜陵职业技术学院王文璟担任副主编。具体编写分工如下:王雅婧编写学习情境1、学习情境2,张金玉编写学习情境6,刘婷编写学习情境7中的任务9,汪瑞峰编写学习情境9,梁伟、王文璟合编学习情境17的内容,全书其余内容由吴佳编写;插图由汪瑞峰、张小勇高级工程师设计绘制。

本书的编写得到了有关领导和专家的大力支持和帮助,在此特别感谢上海申元工程投资咨询有限公司姚文青总工程师和四川建筑职业技术学院袁建新教授对本书的编写提出了宝贵的指导修改意见。上海都市建筑设计有限公司张小勇高级工程师及其工程技术人员提供了资料及技术指导,在此一并致以诚挚的感谢!

本书在编写过程中参阅了很多专家、学者论著中的有关资料,并从中引用了部分图片和实例,在此谨向原著作者表示衷心感谢。

本书编写虽经推敲核正,但限于编者的专业水平和实践经验,编写时间仓促,难免有疏漏或不妥之处,敬请广大读者指正。

为了方便教学,本书还配有电子课件等教学资源包,任课教师还可以发邮件至 husttujian@163.com 索取。

目录

———————○ ○ ○

模 块 1

模 块 2

模块 ①

概述

任务 1 建筑和装饰工程预算定额的组成

建筑和装饰工程预算定额由以下部分组成：

(1) 总说明；(2) 分部说明；(3) 工程量计算规则；(4) 定额正文；(5) 附录。

任务 2 编制原则

《上海市建筑和装饰工程预算定额》(以下简称本定额)是根据沪建交(2012)第 1057 号文《关于修编本市建设工程预算定额的批复》及其有关规定,在《上海市建筑和装饰工程预算定额》(2000)及《房屋建筑与装饰工程消耗量定额》(TY 01-31-2015)的基础上,按国家标准的建设工程计价、计量规范,包括项目划分、项目名称、计量单位、工程量计算规则等与本市建设工程实际相衔接,并结合多年来"新技术、新工艺、新材料、新设备"和节能、环保等绿色建筑的推广应用而编制的量价完全分离的预算定额。

任务 3 定额作用

本定额是完成规定计量单位分部分项工程所需的人工、材料、施工机械台班的消耗量标准,是编制施工图预算、最高投标限价的依据,是确定合同价、结算价、调解工程价款争议的基础；也是编制本市建设工程概算定额、估算指标与技术经济指标的基础以及作为工程投标报价或编制企业定额的参考依据。

任务 4 定额的适用范围

本定额适用于上海市行政区域范围内的工业与民用建筑的新建、扩建、改建工程。

任务 5 定额依据

本定额是依据现行有关国家及本市强制性标准、推荐性标准、设计规范、施工验收规范、质量评定标准、产品标准和安全操作规程,并参考了有关省(市)和行业标准、定额以及典型工程设计、施工和其他资料编制的。

任务 6 定额水平

本定额是按正常施工条件、多数施工企业采用的施工方法、装备设备和合理的劳动组织及工期为基础编制的,反映了上海地区的社会平均消耗量水平。

任务 7 人工消耗量的确定

(1)人工消耗量按现行全国建筑与装饰工程劳动定额为基础计算,内容包括基本用工、超运距用工、辅助用工以及劳动定额项目外必须增加的基本用工幅度差。

(2)本定额每工日按 8 小时工作制计算。

(3)机械土方、桩基、金属构件驳运及安装等工程,人工是随机械台班产量计算的,人工幅度差按机械幅度差计算。

任务 8 材料消耗量的确定

(1)本定额采用的材料(包括构配件、零件、半成品及成品)均按符合国家质量标准和相应设计要求的合格产品编制。

(2)本定额中的材料包括施工中消耗的主要材料、辅助材料、周转材料和其他材料;对于用量少、低值易耗的零星材料列入其他材料费,以该项目材料费之和的百分率表示。

(3)本定额中的材料消耗量包括净用量和损耗量。损耗量包括从工地仓库、现场集中堆放地点(或现场加工地点)至操作(或安装)地点的施工场内运输损耗、施工操作损耗、施工现场堆放损耗等。规范(设计文件)规定的预留量、搭接量不在损耗率中考虑。

(4) 本定额中的周转性材料(钢模板、复合模板、木模板、脚手架等)按不同施工方法、不同类别、材质及摊销量编制,且已包括回库维修的消耗量。

(5) 本定额中的混凝土及钢筋混凝土、砌筑砂浆、抹灰砂浆等分别按预拌混凝土与预拌干混砂浆编制,各种胶泥均按半成品编制。

(6) 预拌干混砂浆强度等级配合比中的材料由干混砂浆及水组成。其中砌筑、抹灰砂浆按每立方米含干混砂浆 1700 kg,含水 280 kg 计算;地面砂浆按每立方米含干混砂浆 1800 kg、含水 200 kg 计算。

(7) 本定额子目中的钢筋按工厂成型钢筋编制,如施工实际采用现场制作钢筋时,可按定额中的现场制作钢筋附表调整。

(8) 本定额中的木(金属)门窗均按工厂成品、现场安装编制,除定额注明外,成品均包括玻璃及小五金配件等。

(9) 本定额所采用的材料、半成品、成品品种、规格型号与设计不符时,可按各章节规定调整。定额未注明材料规格、强度等级的应按设计要求选用。

(10) 现浇混凝土工程的承重支模架、钢结构或空间网架结构安装使用的满堂承重架以及其他施工用承重架,满足下列条件之一的应另行计算相应费用。

① 搭设高度 8 m 及以上。

② 搭设跨度 18 m 及以上。

③ 施工总荷载 15 kN/m² 及以上。

④ 集中线荷载 20 kN/m 及以上。

(11) 木材分类。

一类木材:红松、水桐木、樟子松。

二类木材:白松(云杉、冷杉)、杉木、构木、柳木、椴木。

三类木材:青松、黄花松、秋子木、马尾松、东北榆木、柏木、苦楝木、梓木、黄菠萝、椿木、楠木、柚木、樟木。

四类木材:栎木(柞木)、檀木、色木、槐木、荔木、麻栗木(麻栎、青刚)、桦木、荷木、水曲柳、华北榆木。

任务 9 机械台班消耗量的确定

(1) 机械是按常用机械、合理机械配备和施工企业的机械化装备程度,并结合工程实际综合确定。

(2) 机械台班消耗量是按正常机械施工工效并考虑机械幅度差综合确定,零星辅助机械列入其他机械费,以该项目机械费之和的百分率确定。

(3) 凡单位价值 2000 元以下、使用年限在一年以内的不构成固定资产的施工机械,不列入机械台班消耗量,作为工具用具在建筑安装工程费中的企业管理费考虑。

任务10 机械运输及超高降效

（1）定额已包括材料、半成品、成品从工地仓库、现场集中堆放地点（或现场加工地点）至操作（或安装）地点的水平和垂直运输所需的人工及机械。

（2）垂直运输系指单位工程在合理工期内完成全部工程项目所需的垂直运输机械台班量。

（3）定额除注明高度的以外，均按建筑物檐高20 m以内编制，檐高在20 m以上的工程，其相应增加的人工、机械等，另按本定额中的建筑物超高增加子目计算。

任务11 安全文明施工

本定额未包括《房屋建筑与装饰工程量计算规范》（GB/T 50584—2013）中的安全文明施工及其他措施项目。

任务12 工作内容

本定额中的工作内容已说明了主要的施工工序，次要工序虽未说明，但均已包括在内。

任务13 定额界定

本定额中注有"×××以内"或"×××以下"者，均已包括×××本身；"×××以外"或"×××以上"者，均不包括×××本身。

任务14 建筑面积

建筑面积计算按《建筑工程建筑面积计算规范》（GB/T 50353—2013）执行。

建筑面积的计算

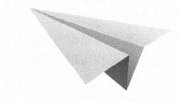

任务 **1** 建筑面积的含义和作用

建筑面积系指建筑物(包括墙体)所形成的楼地面面积。它是建筑物几个技术特征指标中的一项重要指标。

建筑面积的计算作为计算工程量的第一个步骤,对于后续的工程量计算以及工程经济性的评价有着重要意义。

任务 **2** 建筑面积的组成

建筑面积包括使用面积、辅助面积和结构面积。

使用面积系指建筑物各层平面中可直接为生产或生活使用的净面积总和。例如住宅建筑中,居室净面积称为居住面积。

辅助面积系指建筑物各层平面中辅助生产或生活所占的净面积总和,如楼梯、电梯间、走廊等。

使用面积与辅助面积之和称为有效面积。

结构面积系指建筑物各层平面布置中的墙体、柱等结构所占的面积的总和(不包括抹灰厚度所占面积)。

任务 **3** 建筑面积计算规则中的术语

(1)结构层高(structure story height):楼面或地面结构层上表面至上部结构层上表面之间的垂直距离。

(2)结构净高(structure net height):楼面或地面结构层上表面至上部结构层下表面之间的垂直距离。

(3)围护结构(building enclosure):围合建筑空间的墙体、门、窗。

(4)围护设施(enclosure facilities):为保障安全而设置的栏杆、栏板等围挡。

(5)架空层(stilt floor):仅有结构支撑而无外围护结构的开敞空间层。

(6)架空走廊(elevated corridor):专门设置在建筑物的二层或二层以上,作为不同建筑物之间水平交通的空间。无围护结构的架空走廊和有围护结构的架空走廊如图 2-1 和图 2-2

所示。

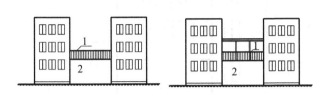

图 2-1   无围护结构的架空走廊
1—栏杆；2—架空走廊

图 2-2   有围护结构的架空走廊
1—架空走廊

（7）凸窗（飘窗）（bay window）：凸出建筑物外墙面的窗户。在解释说明中凸窗（飘窗）既作为窗，又有别于楼（地）板的延伸，也就是不能把楼（地）板延伸出去的窗称为凸窗（飘窗）。凸窗（飘窗）的窗台应只是墙面的一部分且距（楼）地面应有一定的高度。

（8）檐廊（eaves gallery）：建筑物挑檐下的水平交通空间。在解释说明中檐廊是附属于建筑物底层外墙由屋檐作为顶盖，其下部一般有柱或栏杆、栏板等的水平交通空间。檐廊如图 2-3 所示。

（9）挑廊（overhanging corridor）：挑出建筑物外墙的水平交通空间。

（10）门斗（air lock）建筑物入口处两道门之间的空间。门斗如图 2-4 所示。

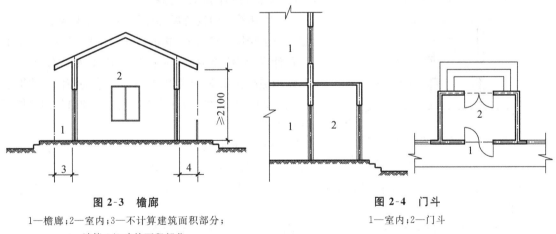

图 2-3   檐廊
1—檐廊；2—室内；3—不计算建筑面积部分；
4—计算 1/2 建筑面积部分

图 2-4   门斗
1—室内；2—门斗

（11）骑楼（overhang）：建筑底层沿街面后退且留出公共人行空间的建筑物，图 2-5 所示。

（12）建筑物通道（passage）：为穿过建筑物而设置的空间。过街楼如图 2-6 所示。

（13）露台（terrace）：设置在屋面、首层地面或雨篷上的供人室外活动的有围护设施的平台。在解释说明中露台应满足四个条件：一是位置，设置在屋面、地面或雨篷顶；二是可出入；三是有围护设施；四是无盖。这四个条件须同时满足。如果设置在首层并有围护设施的平台，且其上层为同体量阳台，则该平台应视为阳台，按阳台的规则计算建筑面积。

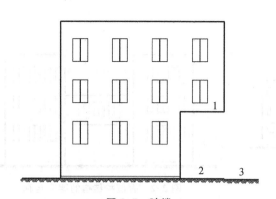

图 2-5 骑楼

1—骑楼;2—人行道;3—街道

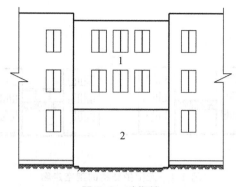

图 2-6 过街楼

1—过街楼;2—建筑物通道

任务 4 建筑面积计算规则

（1）建筑物的建筑面积应按自然层外墙结构外围水平面积之和计算。结构层高在 2.20 m 及以上的,应计算全面积;结构层高在 2.20 m 以下的,应计算 1/2 面积。

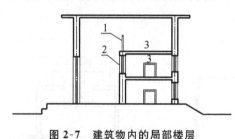

图 2-7 建筑物内的局部楼层

1—围护设施;2—围护结构;3—局部楼层

（2）建筑物内设有局部楼层时,对于局部楼层的二层及以上楼层,有围护结构的应按其围护结构外围水平面积计算,无围护结构的应按其结构底板水平面积计算,且结构层高在 2.20 m 及以上的,应计算全面积,结构层高在 2.20 m 以下的,应计算 1/2 面积。建筑物内的局部楼层如图 2-7 所示。

（3）对于形成建筑空间的坡屋顶,结构净高在 2.10 m 及以上的部位应计算全面积;结构净高在 1.20 m 及以上至 2.10 m 以下的部位应计算 1/2 面积;结构净高在 1.20 m 以下的部位不应计算建筑面积。

（4）对于场馆看台下的建筑空间,结构净高在 2.10 m 及以上的部位应计算全面积;结构净高在 1.20 m 及以上至 2.10 m 以下的部位应计算 1/2 面积;结构净高在 1.20 m 以下的部位不应计算建筑面积。室内单独设置的有围护设施的悬挑看台,应按看台结构底板水平投影面积计算建筑面积。有顶盖无围护结构的场馆看台应按其顶盖水平投影面积的 1/2 计算面积。

（5）地下室、半地下室应按其结构外围水平面积计算。结构层高在 2.20 m 及以上的,应计算全面积;结构层高在 2.20 m 以下的,应计算 1/2 面积。

（6）出入口外墙外侧坡道有顶盖的部位,应按其外墙结构外围水平面积的 1/2 计算面积,如图 2-8 所示。

（7）建筑物架空层及坡地建筑物吊脚架空层,应按其顶板水平投影计算建筑面积。结构层高在 2.20 m 及以上的,应计算全面积;结构层高在 2.20 m 以下的,应计算 1/2 面积。

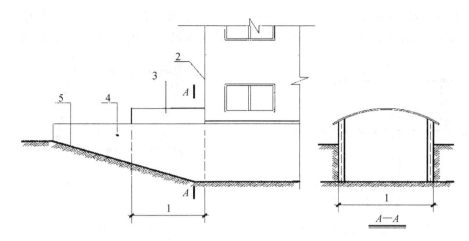

图2-8 地下室出入口

1—计算1/2投影面积部位;2—主体建筑;3—出入口;4—封闭出入口侧墙;5—出入口坡道

（8）建筑物的门厅、大厅应按一层计算建筑面积,门厅、大厅内设置的走廊应按走廊结构底板水平投影面积计算建筑面积。结构层高在2.20 m及以上的,应计算全面积;结构层高在2.20 m以下的,应计算1/2面积。

（9）对于建筑物间的架空走廊,有顶盖和围护设施的,应按其围护结构外围水平面积计算全面积;无围护结构、有围护设施的,应按其结构底板水平投影面积计算1/2面积。

（10）对于立体书库、立体仓库、立体车库,有围护结构的,应按其围护结构外围水平面积计算建筑面积;无围护结构、有围护设施的,应按其结构底板水平投影面积计算建筑面积。无结构层的应按一层计算,有结构层的应按其结构层面积分别计算。结构层高在2.20 m及以上的,应计算全面积;结构层高在2.20 m以下的,应计算1/2面积。

（11）有围护结构的舞台灯光控制室,应按其围护结构外围水平面积计算。结构层高在2.20 m及以上的,应计算全面积;结构层高在2.20 m以下的,应计算1/2面积。

（12）附属在建筑物外墙的落地橱窗,应按其围护结构外围水平面积计算。结构层高在2.20 m及以上的,应计算全面积;结构层高在2.20 m以下的,应计算1/2面积。

（13）窗台与室内楼地面高差在0.45 m以下且结构净高在2.10 m及以上的凸(飘)窗,应按其围护结构外围水平面积计算1/2面积。

（14）有围护设施的室外走廊(挑廊),应按其结构底板水平投影面积计算1/2面积;有围护设施(或柱)的檐廊,应按其围护设施(或柱)外围水平面积计算1/2面积。

（15）门斗应按其围护结构外围水平面积计算建筑面积,且结构层高在2.20 m及以上的,应计算全面积;结构层高在2.20 m以下的,应计算1/2面积。

（16）门廊应按其顶板的水平投影面积的1/2计算建筑面积;有柱雨篷应按其结构板水平投影面积的1/2计算建筑面积;无柱雨篷的结构外边线至外墙结构外边线的宽度在2.10 m及以上的,应按雨篷结构板的水平投影面积的1/2计算建筑面积。

（17）设在建筑物顶部的、有围护结构的楼梯间、水箱间、电梯机房等,结构层高在2.20 m及以上的应计算全面积;结构层高在2.20 m以下的,应计算1/2面积。建筑物吊脚架空层如图2-9所示。

（18）围护结构不垂直于水平面的楼层,应按其底板面的外墙外围水平面积计算。结构净高在

2.10 m 及以上的部位,应计算全面积;结构净高在 1.20 m 及以上至 2.10 m 以下的部位,应计算 1/2面积;结构净高在 1.20 m 以下的部位,不应计算建筑面积。斜围护结构如图2-10所示。

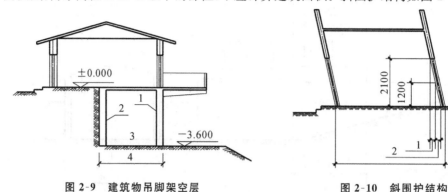

图 2-9　建筑物吊脚架空层
1—柱;2—墙;3—吊脚架空层;4—计算建筑面积部位

图 2-10　斜围护结构
1—计算 1/2 建筑面积部位;2—不计算建筑面积部位

(19)建筑物的室内楼梯、电梯井、提物井、管道井、通风排气竖井、烟道,应并入建筑物的自然层计算建筑面积。有顶盖的采光井应按一层计算面积,且结构净高在 2.10 m 及以上的,应计算全面积;结构净高在 2.10 m 以下的,应计算 1/2 面积。地下室采光井如图 2-11 所示。

(20)室外楼梯应并入所依附建筑物自然层,并应按其水平投影面积的 1/2 计算建筑面积。

(21)在主体结构内的阳台,应按其结构外围水平面积计算全面积;在主体结构外的阳台,应按其结构底板水平投影面积计算 1/2 面积。

(22)有顶盖无围护结构的车棚、货棚、站台、加油站、收费站等,应按其顶盖水平投影面积的 1/2 计算建筑面积。

(23)以幕墙作为围护结构的建筑物,应按幕墙外边线计算建筑面积。

(24)建筑物的外墙外保温层,应按其保温材料的水平截面积计算,并计入自然层建筑面积,如图 2-12 所示。

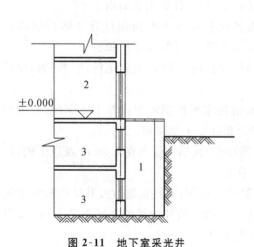

图 2-11　地下室采光井
1—采光井;2—室内;3—地下室

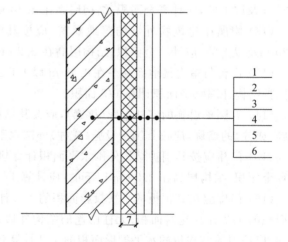

图 2-12　建筑外墙外保温
1—墙体;2—黏结胶浆;3—保温材料;4—标准网;5—加强网;
6—抹面胶浆;7—计算建筑面积部位

(25)与室内相通的变形缝,应按其自然层合并在建筑物建筑面积内计算。对于高低联跨的建筑物,当高低跨内部连通时,其变形缝应计算在低跨面积内。

（26）对于建筑物内的设备层、管道层、避难层等有结构层的楼层，结构层高在 2.20 m 及以上的，应计算全面积；结构层高在 2.20 m 以下的，应计算 1/2 面积。

（27）下列项目不应计算建筑面积。

① 与建筑物内不相连通的建筑部件。

② 骑楼、过街楼底层的开放公共空间和建筑物通道。

③ 舞台及后台悬挂幕布和布景的天桥、挑台等。

④ 露台、露天游泳池、花架、屋顶的水箱及装饰性结构构件。

⑤ 建筑物内的操作平台、上料平台、安装箱和罐体的平台。

⑥ 勒脚、附墙柱、垛、台阶、墙面抹灰、装饰面、镶贴块料面层、装饰性幕墙，主体结构外的空调室外机搁板（箱）、构件、配件，挑出宽度在 2.10 m 以下的无柱雨篷和顶盖高度达到或超过两个楼层的无柱雨篷。

⑦ 窗台与室内地面高差在 0.45 m 以下且结构净高在 2.10 m 以下的凸（飘）窗，窗台与室内地面高差在 0.45 m 及以上的凸（飘）窗。

⑧ 室外爬梯、室外专用消防钢楼梯。

⑨ 无围护结构的观光电梯。

⑩ 建筑物以外的地下人防通道，独立的烟囱、烟道、地沟、油（水）罐、气柜、水塔、贮油（水）池、贮仓、栈桥等构筑物。

任务 5 建筑面积计算实例

计算如图 2-13 和图 2-14 所示的建筑面积。

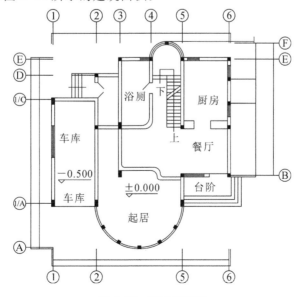

图 2-13 底层平面图

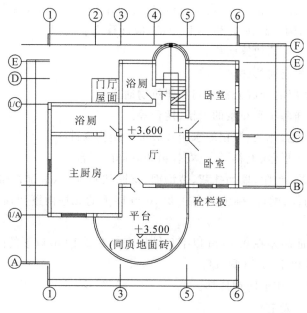

图 2-14 二层平面图

计算过程如下：

底层 $S = [13.74 \times (7.8 + 3.24) - 3.3 \times 1.8 - (3.3 + 1.8) \times 1.2 - 2.1 \times 3.6 + \frac{1}{2} \times 3.14 \times 1.2^2 + \frac{1}{2} \times 3.14 \times 3.3^2]$ m² = 151.4277 m²

二层 $S = [13.74 \times (7.8 + 3.24) - (3.3 + 1.8) \times 3 - 2.1 \times (4.8 + 3.6) + \frac{1}{2} \times 3.14 \times 1.2^2]$ m² = 121.0104 m²

总面积 $S =$ 底层 $S +$ 二层 $S = (151.4277 + 121.0104)$ m² = 272.44 m²

模块 ②

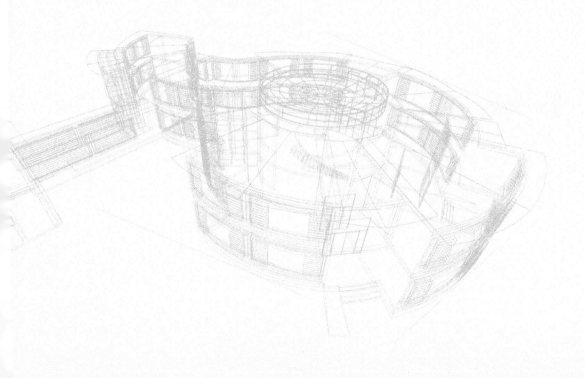

土方工程

1. 弄清土石方工程量计算前应已知的条件。
2. 掌握平整场地的概念和计算方法。
3. 区分挖沟槽、挖基坑、挖土方的概念,掌握其计算方法。
4. 掌握土方回填和运输的工程量计算方法。

任务 1 定额项目设置及相关知识

1. 定额项目设置

本章定额共包括 2 节 59 个子目,定额项目组成如表 3-1 所示。

表 3-1　土方工程项目组成表

章	节		子　目
土方工程	土方工程 01-1-1-1~50	平整场地 01-1-1-1~6	平整场地 场地机械平整 推土机推土 填土机械碾压 原土机械碾压
		挖土方 01-1-1-7~14	人工挖土方 机械挖土方 机械挖有支撑土方
		挖沟槽 01-1-1-15~17	人工挖沟槽 机械挖沟槽
		挖基坑 01-1-1-18~20	人工挖基坑 机械挖基坑
		挖淤泥、流砂 01-1-1-21~22	人工 机械
		逆作法 01-1-1-23~50	机械暗挖土方 素混凝土凿除垫层 混凝土凿除(连续墙、灌注桩表面、格构柱中) 型钢格构柱切割 预拌混凝土(泵送)(垫层、复合墙、矩形桩柱、圆形桩柱、有梁板、平板) 钢筋(复合墙、矩形桩柱、圆形桩柱、有梁板、平板) 复合模板、组合钢模板(垫层、复合墙、矩形桩柱、有梁板、平板) 复合模板圆形桩柱
	回填土 01-1-2-1~9	回填 01-1-2-1~3	人工回填土松填、夯填 机械回填土夯填
		场内运输 01-1-2-4~6	手推车运土 汽车装土、运土
		外运 01-1-2-7~9	土方外运 淤泥外运 泥浆外运

2. 土方工程的相关知识

1）相关概念

土方开挖是工程初期以至施工过程中的关键工序，是将土进行松动、挖掘并运出施工现场的工程。土方开挖按施工环境分为露天开挖、地下开挖和水下开挖；按施工方法可分为明挖、洞挖和水下开挖；按开挖技术可分为人工开挖、机械开挖。

2）土方工程的施工顺序

土方工程施工顺序流程图如图 3-1 所示。

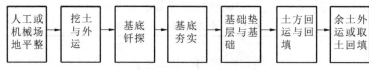

图 3-1　土方工程施工顺序流程图

任务 2 挖土方

1. 定额说明

（1）人工土方定额综合考虑了干湿土的比例。

（2）机械土方均按天然湿度土壤考虑（指土壤含水率在 25％以内）。含水率大于 25％时，定额人工、机械乘以系数 1.15。

例如定额编号 01—1—1—9，机械挖土方埋深 3.5 m 以内，当土壤含水率大于 25％时，定额人工工日消耗量为：$0.0155 \times 1.15 = 0.0178$；定额机械台班（履带式单斗液压挖掘机 1 m³）消耗量为：$0.0017 \times 1.15 = 0.0020$。人工挖土方和机械挖土方定额说明如表 3-2 所示。

表 3-2　人工挖土方和机械挖土方定额说明

定额编号				01-1-1-7	01-1-1-8	01-1-1-9	01-1-1-10
项　　目			单位	人工挖土方	机械挖土方		
				埋深 1.5 m 以内		埋深 3.5 m 以内	埋深 5.0 m 以内
				m³	m³	m³	m³
人工	00030153	其他工	工日	0.2746	0.0191	0.0155	0.0157
		人工工日	工日	0.2746	0.0191	0.0055	0.0157
机械	99010060	履带式单头液压挖掘机 1 m³	合班		0.0021	0.0017	
	99010080	履带式单头液压挖掘机 1.25 m³	合班				0.0020

另外,还需注意以下几点。

(1) 机械土方定额中已考虑机械挖掘所不及位置和修整底边所需的人工。

(2) 机械土方(除挖有支撑土方及逆作法挖土外)未考虑群桩间的挖土人工及机械降效差,遇有桩土时,按相应定额人工、机械乘以系数1.5。

(3) 挖有支撑土方定额已综合考虑了栈桥上挖土等因素,栈桥搭、拆及折旧摊销等未包括在定额内。

(4) 挖土机在垫板上施工时,定额人工、机械乘以系数1.25。定额未包括垫板的装、运及折旧摊销。

(5) 定额"汽车装车、运土、运距1 km内"子目适用于场内土方驳运。

2. 管沟土方按相应的挖沟槽土方子目执行

管沟土方按相应的挖沟槽土方子目执行,即管沟土方套用定额01-1-1-15～17子目。

3. 工程量计算规则及实例解析

土方工程按下列规定计算。

1) 土方体积(V)

土方体积应按挖掘前的天然密实体体积计算。非天然密实体体积应按表3-3所列系数换算。

表3-3 土方体积折算表

虚 方 体 积	天然密实体体积	夯实后体积	松 填 体 积
1.00	0.77	0.67	0.83
1.20	0.92	0.80	1.00
1.30	1.00	0.87	1.08
1.50	1.15	1.00	1.25

■ 例 3-1 某建筑物的基础需夯实回填土950 m^3,则需要运输多少天然密实土方量用以回填?

【解】
$$\frac{1}{1.15}=\frac{950}{x}$$
$$x=1092.5 \ m^3$$

【解析】 根据土方体积折算表(表3-3)可知,夯实后体积为1 m^3,对应天然密实体体积为1.15 m^3,现需要夯实回填950 m^3,则需天然密实土方体积为1092.5 m^3。

2) 基础土方开挖深度(H)

基础土方开挖深度应按基础垫层底标高至设计室外地坪标高确定,交付施工场地标高与设计室外地坪标高不同时,应按交付施工场地标高确定。基础土方开挖深度(H)示意图如图3-2所示。

计算公式:H=设计室外地坪标高(/交付施工场地标高)-基础垫层底标高

■ 例 3-2 某建筑物室外地坪标高-0.3 m,基础垫层面标高-2.20 m,垫层厚100 mm,则基础土方开挖深度为(C)。

A. 2.2 m   B. 1.9 m   C. 2 m   D. 2.3 m

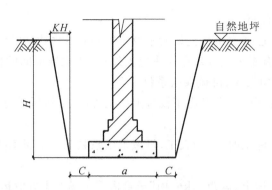

图 3-2 基础土方开挖深度（H）示意图

【解析】 根据基础土方开挖深度计算规则可知，$H=$ 设计室外地坪标高（/交付施工场地标高）－基础垫层底标高 $=-0.3-(-2.2)+0.1=2$ m

3）沟槽、基坑、一般土方工程量计算规则

沟槽、基坑、一般土方的划分为：底宽≤7 m 且底长>3 倍底宽的为沟槽；底长≤3 倍底宽且底面积≤150 m² 的为基坑；超出上述范围的则为一般土方。

图 3-3 和图 3-4 所示分别为沟槽开挖和基坑开挖实际图。

表 3-4 所示为挖土方分类表。

图 3-3 沟槽开挖

图 3-4 基坑开挖

表 3-4 挖土方分类表

项　　目	挖填土方平均厚度 /mm	槽底宽度 W/m	槽长 L/m	坑底面积 S/m²
挖沟槽		≤7	>3W	
挖基坑			≤3W	≤150
挖一般土方	>±300	>7		>150

▆ **例 3-3** 某建筑物基础槽底宽度为 6 m，槽长为 17 m，则该基础挖土划分为（B）。

A. 挖沟槽　　B. 挖基坑　　C. 挖一般土方　　D. 平整场地

【解析】 根据沟槽、基坑、一般土方划分规则，槽长 17 m，小于 3 倍的槽宽 18 m，且坑底面积为 102 m² 小于 150 m²，故划分为挖基坑。

任务 **3** 挖沟槽

1. 定额说明

槽底宽≤7 m 且槽长>3 倍槽宽为沟槽。沟槽示意图如图 3-5 所示。

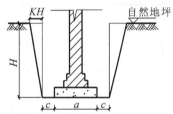

图 3-5 沟槽示意图

2. 工程量计算规则及实例解析

1) 沟槽土方

如图 3-6 所示,沟槽土方,按设计图示沟槽长度(L)乘以沟槽断面面积(S)[包括工作面宽度(c)和放坡宽度(b)的面积],以体积计算。

计算公式为

$$挖沟槽土方工程量\ V = L \times S = L \times (a + 2c + KH) \times H$$

式中:a 为基础(垫层)底宽度;

c 为工作面;

H 为挖土深度:基础垫层底标高至设计室外地坪标高。

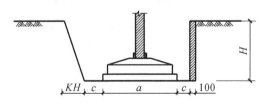

图 3-6 沟槽断面示意图

a—基础(垫层)宽度;c—工作面宽度;H—挖土深度;k—放坡系数;KH—放坡宽度;100—挡土板厚度(mm)

2) 沟槽长度

(1) 如图 3-7 所示,带形基础的沟槽长度,设计无规定时,按下列规定计算。

① 外墙沟槽($L_外$),按外墙中心线长度计算。

计算公式为

$$L_外 = L_{外中}$$

② 内墙沟槽($L_内$),按相交墙体基础(含垫层)之间垫层的净长度计算。

计算公式为

$$L_内 = L_{内净} = L_{内中} - 垫层宽$$

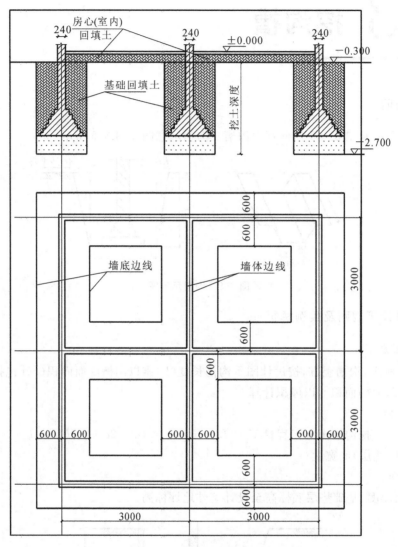

图 3-7　沟槽长度示意图

例 3-4　如图 3-8 所示，计算外墙沟槽长度及内墙沟槽长度。

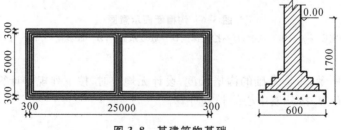

图 3-8　某建筑物基础

【解析】　外墙沟槽长度按外墙中心线长度计算，$L_{外中}$ 直接从图中读取，为 25 m；内墙沟槽长度按相交墙体基础(含垫层)之间垫层的净长度计算,$L_内 = L_{内净} = L_{内中} -$垫层宽$= (5-0.6)$ m$=$ 4.4 m。

(2)框架间墙沟槽($L_框$),按独立基础(含垫层)之间垫层的净长度计算。

计算公式为

$$L_框 = L_净 = L_中 - 独立基础垫层宽$$

例 3-5 如图 3-9 所示,计算框架间沟槽长度。

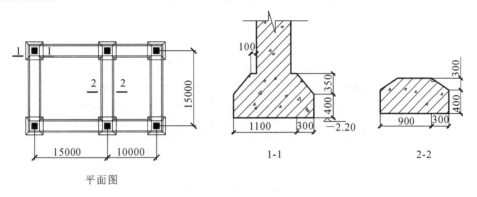

图 3-9 某工程基础平面图、剖面图

【解析】 框架间沟槽长度按独立基础(含垫层)之间垫层的净长度计算,$L_框 = [(15-0.3-0.8-0.3)\times 5 + (10-0.3-0.8-0.3)\times 2]$ m$=85.20$ m

(3)凸出墙面的墙垛的沟槽,按墙垛凸出墙面的中心线长度,并入相应工程量内计算。

如图 3-10 所示,1、2、3 轴线处,凸出墙面的墙垛沟槽,并入该基础挖沟槽工程量中。

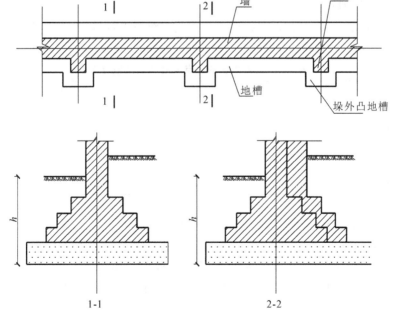

图 3-10 凸出墙面的墙垛的沟槽示意图

(4)如图 3-11 所示,管道沟槽的长度按设计图示尺寸计算,不扣除各类井的长度。井的土方并入管道土方内。

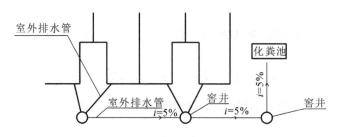

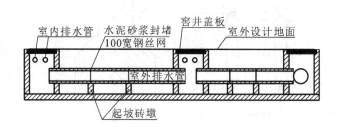

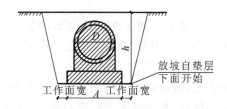

图 3-11　管道沟槽示意图

3）土方放坡按下列规定计算

（1）土方放坡的起点深度和放坡坡度，设计或施工组织无具体规定时，可按表 3-5 所示计算（放坡起点为基础垫层下表面）。

表 3-5　土方放坡的起点深度和放坡坡度表

名　　称	挖土深度/m	放坡系数 $k(1:k)$
挖土	≤1.5	—
挖土	2.5	1：0.5
挖土	3.5	1：0.7
挖土	5	1：1.0
采用降水措施	不分深度	1：0.5

表中含义说明：当挖土深度 $H>1.50$ m 才能计算放坡；

挖土超过 2 m 深时，放坡坡度为 1：0.5，含义是每挖深 1 m，放坡宽度就增加 0.5 m。

开挖坑、槽、土方超过了放坡起点的深度，就必须放坡。如图 3-12 中侧壁与垂直面形成一个斜坡，即称放坡。习惯上，放坡坡度写为 1：k。放坡用放坡系数 k 表示：$k=b/H$。b 指单位高度放出的宽度。

当挖土深度超过 5 m 时，为达到基坑边坡稳定的要求，可以采用二次放坡的形式，如图 3-13所示。

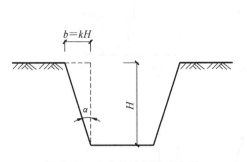

图 3-12　土方放坡系数示意图

图 3-13　二次放坡示意图

（2）计算放坡时，在交接处所产生的重复工程量不予扣除。沟槽放坡交接处重复工程量示意图如图 3-14 所示。

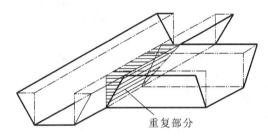

图 3-14　沟槽放坡交接处重复工程量示意图

4）基础施工所需工作面按下列规定计算

（1）基础施工的工作面宽度，设计或施工组织无具体规定时，可按表 3-6 所示计算。

表 3-6　基础施工所需工作面宽度计算表

名　　称	每边增加工作面宽度 c/mm
砖基础	200
混凝土基础、垫层支模板	300
基础垂直面做防水层	1000（防水层面）
地下室埋深超 3 m 以上	1800
支挡土板	100（另加）

（2）管道沟槽的宽度，设计或施工组织无具体规定时，可按表 3-7 所示计算。

表 3-7　管道施工所需每边工作面宽度计算表

管道材质	管道基础外沿宽度（无管道基础时管道外径）c/mm			
	≤500	≤1000	≤2500	>2500
混凝土管及钢筋混凝土管	400	500	600	700
其他材质管	300	400	500	600

常见沟槽断面（S）形式如图 3-15 所示。

① 不设工作面、不放坡、不支挡土板：

$$挖沟槽土方工程量 V = L \times a \times H$$

② 设工作面、不放坡、不支挡土板：

$$挖沟槽土方工程量 V = L \times (a + 2c) \times H$$

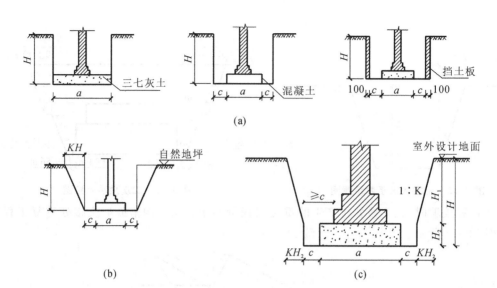

图 3-15 常见沟槽断面（S）形式

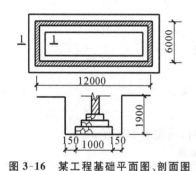

图 3-16 某工程基础平面图、剖面图

例 3-6 如图 3-16 所示，试计算挖沟槽土方工程量。

【解】
$$L=[(12+6)\times2]\ \text{m}=36\ \text{m}$$
$$S=(a+2c)\times H=[(1+2\times0.15)]\times1.4\ \text{m}^2=1.82\ \text{m}^2$$
$$V=L\times S=36\times1.82\ \text{m}^3=65.52\ \text{m}^3$$

③ 挖地槽、地坑需支设挡土板时，其宽度按沟槽、地坑底宽计算，一般情况下，单面加 100 mm，双面加 200 mm，如图 3-15(c)所示。

挖沟槽土方工程量 $V=L\times[a+2c+0.2]\times H$

例 3-7 如图 3-17 所示，试计算挖沟槽土方工程量。

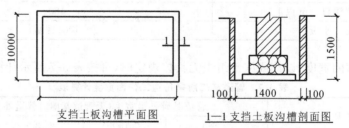

图 3-17 支挡土板沟槽平面示意图

【解】
$$L=[(20+10)\times2]\ \text{m}=60\ \text{m}$$
$$S=(a+2c+0.2)\times H=[(1.4+0.2)\times1.5]\ \text{m}^2=2.4\ \text{m}^2$$
$$V=L\times S=60\times2.4\ \text{m}^3=144.00\ \text{m}^3$$

【解析】由图 3-17 中 1-1 剖面图可知，$a+2c$ 为 1.4 m。

④ 有工作面有放坡：

挖沟槽土方工程量 $V=L\times S=L\times(a+2c+kH)\times H$

⑤ 有工作面，垫层上表面起放坡：

$$V = L \times S = L \times [(a+2c) \times H_1 + (a+2c+kH_2) \times H_2]$$

例 3-8　如图 3-18 所示，试计算挖沟槽土方工程量。

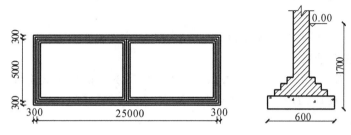

图 3-18　某工程基础平面图

【解】
$$L_{外中} = [(25+5) \times 2] \text{ m} = 60 \text{ m}$$
$$L_{内净} = L_{内中} - 垫层宽 = (5-0.6) \text{ m} = 4.4 \text{ m}$$
$$L = (60+4.4) \text{ m} = 64.4 \text{ m}$$
$$S = (a+2c+kH) \times H = [(0.6+2 \times 0.3+0.5 \times 1.7)] \times 1.7 \text{ m}^2 = 3.485 \text{ m}^2$$
$$V = L \times S = 64.4 \times 3.485 \text{ m}^3 = 224.434 \text{ m}^3$$

【解析】　查表 3-5，挖土深度 1.7 m，大于 1.5 m 小于 2.5 m，可知坡度系数 k 取 0.5；查表 3-6，混凝土垫层，每边增加工作面 300 mm，故 c 取 0.3。

例 3-9　如图 3-19 所示，试计算挖沟槽土方工程量。

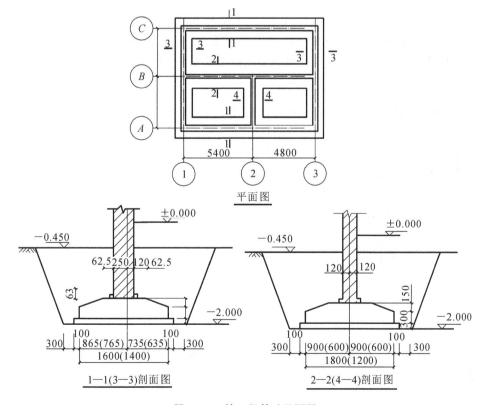

图 3-19　某工程基础平面图

【解】 1—1剖面（A和C轴）：
$$L = (5.4 + 4.8 - 0.12 \times 2 + 0.365) \times 2 \text{ m} = 20.65 \text{ m}$$
$$S = (a + 2c + kH) \times H = [1.6 + 0.1 \times 2 + 0.3 \times 2 + 0.5 \times (2 - 0.45)] \times 1.55 \text{ m}^2$$
$$= 4.9213 \text{ m}^2$$
$$V = L \times S = 20.65 \times 4.9213 \text{ m}^3 = 101.625 \text{ m}^3$$

3—3剖面（1和3轴）：
$$L = (3.9 + 3.6 - 0.12 \times 2 + 0.365) \times 2 \text{ m} = 15.25 \text{ m}$$
$$S = (a + 2c + kH) \times H = [1.4 + 0.1 \times 2 + 0.3 \times 2 + 0.5 \times (2 - 0.45)] \times 1.55 \text{ m}^2$$
$$= 4.6113 \text{ m}^2$$
$$V = L \times S = 15.25 \times 4.6113 \text{ m} = 70.322 \text{ m}^3$$

2—2剖面（B轴）：
$$L = [(5.4 + 4.8 - 0.12 \times 2 + 0.365) - 0.7 \times 2 - 0.1 \times 2] \text{ m} = 8.725 \text{ m}$$
$$S = (a + 2c + kH) \times H = [1.8 + 0.1 \times 2 + 0.3 \times 2 + 0.5 \times (2 - 0.45)] \times 1.55 \text{ m}^2$$
$$= 5.2313 \text{ m}^2$$
$$V = L \times S = 8.725 \times 5.2313 \text{ m}^3 = 45.643 \text{ m}^3$$

4—4剖面（2轴）：
$$L = (3.9 - 0.12 + 0.365/2 - 0.9 - 1) \text{ m} = 2.0625 \text{ m}$$
$$S = (a + 2c + kH) \times H = [1.2 + 0.1 \times 2 + 0.3 \times 2 + 0.5 \times (2 - 0.45)] \times 1.55 \text{ m}^2$$
$$= 4.3013 \text{ m}^2$$
$$V = L \times S = 2.0625 \times 4.3013 \text{ m}^3 = 8.871 \text{ m}^3$$

【解析】 外墙下基础定位轴线和基础中线未重合，存在偏心：245 mm、120 mm，偏心距62.5 mm；外墙为一砖半墙（370墙），计算时厚度取365 mm。挖土深度1.55 m，大于1.5 m，放坡，坡度系数k查表3-5可知为0.5。

例3-10 如图3-20所示，试计算挖沟槽土方工程量。

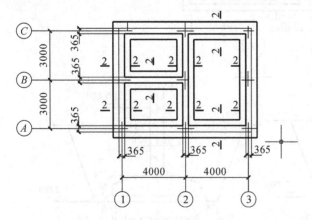

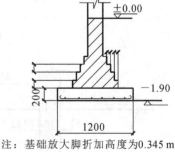

注：基础放大脚折加高度为0.345 m

图3-20 某工程基础平面图

【解】 挖沟槽土方量（0.2厚条基+砖基）：
$$V = L \times S$$
$$L_{外} = L_{外中} = (4 \times 2 + 3 \times 2) \times 2 \text{ m} = 28 \text{ m}$$

$$L_内 = L_{内中} - 基础底宽 = (2 轴)6 - 1.2 + (B 轴)4 - 1.2 = (4.8 + 2.8) \text{ m} = 7.6 \text{ m}$$
$$挖土深度 H = (1.9 - 0.3) \text{ m} = 1.6 \text{ m}$$
$$S = (a + 2c + kH) \times H = (1.2 + 2 \times 0.3 + 0.5 \times 1.6) \times 1.6 \text{ m}^2 = 4.16 \text{ m}^2$$
$$V = (28 + 7.6) \times 4.16 \text{ m}^3 = 148.10 \text{ m}^3$$

例 3-11　如图 3-21 所示，槽长 100 m，试计算该沟槽二次放坡的土方工程量。

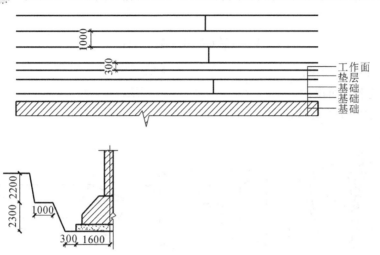

图 3-21　某基础二次放坡示意图

【解】　$V = L \times S$

$S = S_1 + S_2 = [(1.6 \times 2 + 2 \times 0.3 + 0.5 \times 2.3) \times 2.3 + (1.6 \times 2 + 2 \times 0.3 + 1 \times 2 + 0.5 \times 2.2)$
$\times 2.2] \text{ m}^2 = (11.385 + 15.18) \text{ m}^2 = 26.565 \text{ m}^2$

$V = 100 \times 26.565 \text{ m}^3 = 2656.5 \text{ m}^3$

【解析】　二次放坡沟槽断面图可分割为两个梯形（S_1、S_2）组合，利用公式 $S = (a + 2c + kH) \times H$ 计算得出。

任务 4 挖基坑

1. 定额说明

底长≤3 倍底宽且底面积≤150 m³ 为基坑。

2. 工程量计算规则及实例解析

1）基坑土方

基坑土方按设计图示尺寸，以基础垫层底面积（包括工作面宽度和放坡宽度的面积）乘以挖土深度计算。

计算公式：

$$挖基坑土方工程量 = V = (a+2c+kH) \times (b+2c+kH) \times H + \frac{1}{3}k^2H^3$$

如挖基坑土方,如图 3-22 所示,则挖基坑土方工程量可用下述更为简便的公式计算：

$$V = \frac{H}{3}(A_1 + \sqrt{A_1A_2} + A_2)$$

或者

$$V = \frac{H}{6}(A_1 + 4A_0 + A_2)$$

其中：A_1——基坑上顶面积；

A_2——基坑下底面积；

A_0——基坑中 $H/2$ 处截面积。

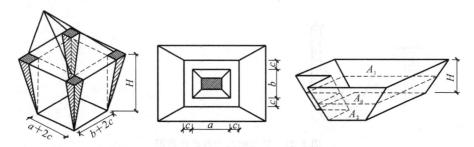

图 3-22　挖基坑土方示意图 1

图 3-23 所示为常见挖基坑土方几何体。

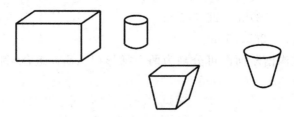

图 3-23　常见挖基坑土方几何体

例 3-12　如图 3-24 所示,试计算挖基坑的土方工程量。

【解】

$$V = (a+2c+kH) \times (b+2c+kH) \times H + \frac{1}{3}k^2H^3$$

$$= \left[(2+0.5 \times 2.1) \times (1.9+0.5 \times 2.1) \times 2.1 + \frac{1}{3} \times 0.5^2 \times 2.1^3\right] \text{m}^3 = 19.667 \text{ m}^3$$

【解析】　挖台体基坑土方,可直接用公式：

$$V = (a+2c+kH) \times (b+2c+kH) \times H + \frac{1}{3}k^2H^3$$

例 3-13　如图 3-25 所示,试计算挖基坑的土方工程量。

【解】　$V = \frac{1}{3}\pi H(R^2+r^2+Rr) = \frac{1}{3}\pi \times 2.2 \times (2.1^2+1.3^2+2.1 \times 1.3) \text{ m}^3 = 20.343 \text{ m}^3$

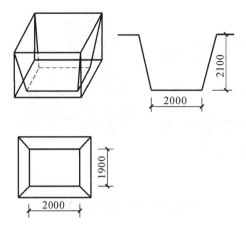

图 3-24　某基坑示意图

【解析】　圆形基坑挖土方工程量计算可利用圆台体公式。

例 3-14　　如图 3-26 所示,试计算挖基坑的土方工程量。

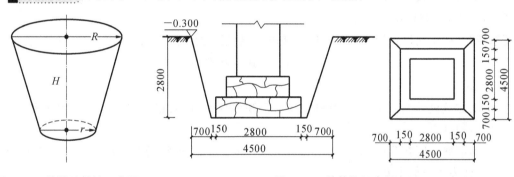

图 3-25　某圆形基坑示意图　　　　图 3-26　某基坑示意图

【解】
$$V=\frac{H}{3}(A_1+\sqrt{A_1A_2}+A_2)$$

$$A_1=4.5\times4.5 \ \text{m}^2=20.25 \ \text{m}^2$$

$$A_2=(2.8+0.15\times2)\times(2.8+0.15\times2) \ \text{m}^2=9.61 \ \text{m}^2$$

$$V=\frac{2.8}{3}(20.25+\sqrt{20.25\times9.61}+9.61) \ \text{m}^2=40.889 \ \text{m}^2$$

【解析】　根据图 3-26 所列出的数据,本题目采用公式 $V=\frac{H}{3}(A_1+\sqrt{A_1A_2}+A_2)$ 更为方便。

例 3-15　　如图 3-27 所示,试计算挖土方工程量。

【解】　① 挖基坑:

挖土深度　　　　　　　$H=(2.2-0.45) \ \text{m}=1.75 \ \text{m}$

$$V=(a+2c+kH)\times(b+2c+kH)\times H+\frac{1}{3}k^2H^3$$

$$=(0.3+0.8+0.3+2\times0.3+0.5\times1.75)^2\times1.75+0.5^2\times1.75^3/3 \ \text{m}^3$$

$$=14.911 \ \text{m}^3$$

31

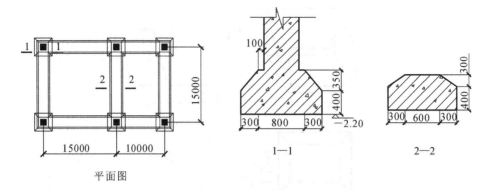

图 3-27 某建筑基础平面图

② 挖沟槽：

$$V = L \times S$$

$$L_框 = L_净 = L_中 - 独立基础垫层宽 = [(15-1.4) \times 5 + (10-1.4) \times 2] \text{ m} = 85.2 \text{ m}$$

$$S = (a + 2c + kH) \times H = (0.3 + 0.6 + 0.3 + 2 \times 0.3 + 0.5 \times 1.75) \times 1.75 \text{ m}^2 = 4.681 \text{ m}^2$$

$$V = 85.2 \times 4.681 \text{ m}^3 = 398.821 \text{ m}^3$$

【解析】 框架间墙沟槽($L_框$)，按独立基础(含垫层)之间垫层的净长度计算，计算公式：

$$L_框 = L_净 = L_中 - 独立基础垫层宽$$

2) 一般土方

一般土方按设计图示尺寸，以基础垫层底面积(包括工作面宽度和放坡宽度的面积)乘以挖土深度以体积计算。

凡图示槽底宽度在 7 m 以上，坑底面积在 150 m² 以上，平整场地时挖土方的厚度在 30 cm 以上者，均称为挖一般土方。

计算方法采用方格网法(竖向布置)。

首先根据开挖场地的地形图(或直接测量地形)划分方格网。方格的大小视地形变化的复杂程度及计算要求的精度不同而不同，一般方格的大小为 20 m×20 m(也可 10 m×10 m)。然后按设计总图或竖向布置图，在方格网上套划出方格角点的设计标高(即施工后需达到的高度)和自然标高(原地形高度)，设计标高与自然标高之差即为施工高度，"一"表示挖方，"＋"表示填方。

当方格内相邻角一边为填方，一边为挖方时，则应按比例分配计算出两角之间不挖不填的"零"点位置，并标于方格边上，再将各"零"点用直线连起来，就可将建筑场地划分为填、挖方区。

将挖方区、填方区所有方格计算出的工程量列表汇总，即为该建筑场地的土石方开挖、填平整工程总量。

具体步骤如下。

① 划分方格网，并确定其边长。

根据要平整场地的地形变化、复杂程度和要求的计算精度确定方格的边长 a，一般 a 为 10 m、20 m、30 m、40 m 等，若地形变化比较复杂或平整要求的精度比较高时，a 取小些，否则可取大些甚至可达 100 m，以减少土方的计算工作量。

② 确定方格网各角点的自然标高(通过测量确定)。

通过测量将测出的自然标高,标注在方格网各角点的左下角,为了避免标注时采用下述方法表示:

角点编号	施工高度
自然标高	平整高度

③计算方格网的平整标高(也称设计标高)。

平整标高的计算方法,目前较多采用挖填平衡法,即理想的平整标高应使场地内的土方在平整前和平整后相等。

$$H_0 = \frac{\left(\sum H_1 + 2 \sum H_2 + 4 \sum H_4 \right)}{4 \times N}$$

式中,H_0——场地的平整标高,单位为 m;

H_1——计算土方量时使用 1 次的角点自然标高,单位为 m;

H_2——计算土方量时使用 2 次的角点自然标高,单位为 m(两个方格共有的角点之自然标高);

H_4——计算土方量时使用 4 次的角点自然标高,单位为 m(四个方格共有的角点之自然标高);

④计算方格网各角点的施工高度。

$$h_n = H_0 - H_n$$

$$施工高度 = 设计标高 - 自然标高$$

式中,H_0——方格网各角点的设计标高;

H_n——方格网各角点的自然标高;

h_n——方格网各角点的施工高度("+"为填方,"-"为挖方)。

⑤计算零点位置并绘出零线。

在一个方格网内同时有挖方和填方时,应先算出方格网边的零点位置,并标注于方格网上,连接相邻的零点就是零线,即是挖方区和填方区的分界线。零点位置按下式计算:

$$X_{1-2} = \frac{ah_1}{h_1 + h_2}$$

式中,X_{1-2}——从"1"角点至"2"角点零点位置,m;

h_1、h_2——分别为方格网边两角点的挖、填高度(深度),m;

a——方格的边长,m。

⑥计算方格网的土方工程量。

⑦ 汇总挖方量和填方量并进行比较。

零线绘出后,场地的挖、填方区也随之标出,便可按平均高度法分别计算挖、填方区的挖方量和填方量。

挖方量,根据方格网底面和图形表中所列相应公式计算。

四点填方或挖方(正方形)计算公式:

$$V = \frac{a^2 (h_1 + h_2 + h_3 + h_4)}{4}$$

一点填方或挖方(三角形)计算公式:

$$V = \frac{bc}{2} \times \frac{\sum h}{3}$$

若 $b=c=a$ 时：

$$V = \frac{a^2 \times h_3}{6}$$

两点填方或挖方计算公式：

$$V = \frac{a^2}{4} \times \left[\frac{h_3{}^2}{h_3 + h_1} + \frac{h_4{}^2}{h_4 + h_2} \right]$$

⑧ 调整平整标高。

例 3-16 如图 3-28 所示，试计算其土方工程量。

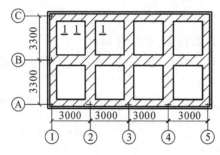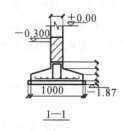

图 3-28 某基础平面图

【解】 挖一般土方：

挖土深度 $H = (1.87 - 0.3) \text{ m} = 1.57 \text{ m}$

$V = (a + 2c + kH) \times (b + 2c + kH) \times H + \frac{1}{3} k^2 H^3$

$= [3 \times 4 + 1.1 + 2 \times 0.3 + 0.5 \times 1.57) \times (3.3 \times 2 + 1.1 + 2 \times 0.3 + 0.5 \times 1.57) \times 1.57$

$\quad + 0.5^2 \times 1.57^3 / 3] \text{ m}^3$

$= 206.93 \text{ m}^3$

【解析】 图 3-28 中基础为混凝土带基和砖基，但沟槽间距不能满足放坡后的坡顶间距，故按挖一般土方处理，计算挖土工程量。

任务 5 挖淤泥、流砂

1. 定额说明

干、湿土及淤泥的划分以地质勘测资料为准。地下常水位以上为干土，以下为湿土。地表水排出层，土壤含水率≥25%时为湿土。含水率超过液限，土和水的混合物呈现流动状态时为淤泥。

2. 工程量计算规则

挖淤泥流砂按设计或施工组织设计规定的位置、界限,以实际挖方体积计算。

任务 6 机械挖有桩基土方

机械挖有桩基土方时,分别按 1 m(混凝土桩)、0.5 m(钢管桩)、3 m(钻孔混凝土灌注桩)乘以基坑底面积以体积计算(若有放坡按放坡计算规则),桩基挖土不扣除桩体所占体积。如图 3-29 所示。

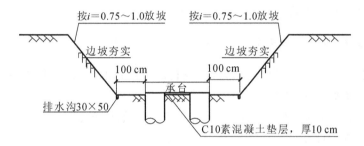

图 3-29　挖有桩基土方示意图

例 3-17　某桩基承台挖土方如图 3-30 所示,试计算桩基挖土工程量。

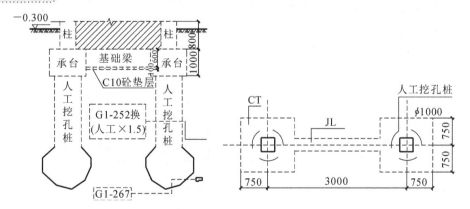

图 3-30　某桩基承台示意图

【解】

人工挖桩间沟槽　　　　　　　　$h=1.2$ m

$$V=(3-1.5-0.3\times2)\times(0.3+0.3\times2)\times1.2 \text{ m}^3=0.972 \text{ m}^3$$

承台部分挖基坑　　　　　　　　$h=1.5$ m

$$V=\{[(1.5+0.3\times2)^2\times1.5]\times2-1/4\times3.14\times1^2\times1.5\times2\} \text{ m}^3=(13.23-2.355) \text{ m}^3$$

$$=10.875 \text{ m}^3$$

任务 7 平整场地

平整场地是指室外设计地坪与自然地坪平均厚度在±0.3 m以内的就地挖、填、找平，平均厚度在±0.3 m以外执行土方相应定额项目，通常是在挖土后基础施工前进行。

1. 定额说明

（1）平整场地是指建筑物所在现场厚度≤±300 mm的就地挖、填及平整。挖填土方厚度＞±300 mm时，全部厚度土方按一般土方相应子目另行计算，但仍应计算平整场地。

（2）本章定额均未包括湿土排水（措施项目）。

2. 工程量计算规则及实例解析

平整场地，按设计图示尺寸以建筑物或构筑物的底面积的外边线，每边各加2 m以面积计算。平整场地示意图如图3-31所示。

图3-32所示为平整场地工程量计算示意图，其计算公式（该公式仅适用于由矩形组成的建筑物的平整场地工程量计算）：

$$S_{平整} = (A+4) \times (B+4) = AB + 2 \times 2(A+B) + 16 = S_{底} + 2L_{外} + 16$$

其中：A——建筑物长度方向外墙外边线的长度，m；

B——建筑物宽度方向外墙外边线的长度，m；

$S_{底}$——底层面积，m²；

$L_{外}$——建筑物外墙外边线周长，m。

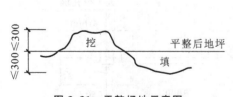

图3-31 平整场地示意图

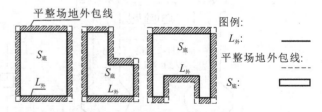

图3-32 平整场地工程量计算示意图

（1）底层面积（$S_{底}$）是指首层建筑物所占面积，应按建筑物外墙外边线计算，不一定等于首层建筑面积。例如首层某些部位净高不足1.20 m时不计算建筑面积，而平整场地的工程量均计算全面积。还应包括有基础的底层阳台面积。

（2）地下室单层建筑面积大于首层建筑面积时，按地下室最大单层建筑面积计算平整场地工程量。

（3）围墙按中心线每边各增加1 m计算，如图3-33所示，其平整场地工程量＝2.00 m×12.00 m＝24.00 m²。

（4）挡土墙、窨井、化粪池、未落地底层阳台、台阶等不计算平整场地的工程量，打桩工程只

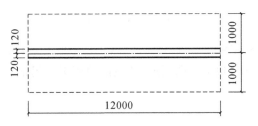

图 3-33　围墙平整场地示意图

算一次平整场地的工程量。

（5）道路及室外管道沟不计算平整场地的工程量。

例 3-18　计算图 3-34 所示建筑物平整场地的工程量，墙厚平均为 240 mm，轴线均居中。

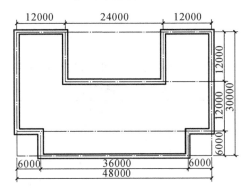

图 3-34　某建筑物底层平面图

【解】

$$S_{平整} = S_{底} + 2L_{外} + 16$$

$$S_{底} = (30.24 \times 48.24 - 6 \times 6 \times 2 - 23.76 \times 12)\ m^2 = 1101.66\ m^2$$

$$L_{外} = [(30.24 + 48.24) \times 2 + 12 \times 2]\ m^2 = 180.96\ m^2$$

$$S_{平整} = S_{底} + L_{外} \times 2 + 16 = (1101.66 + 180.96 \times 2 + 16)\ m^2 = 1479.58\ m^2$$

【解析】　平整场地，按设计图示尺寸以建筑物或构筑物的底面积的外边线，每边各加 2 m 以面积计算。矩形及其变形的图形可直接用公式 $S_{平整} = S_{底} + 2L_{外} + 16$ 计算。

例 3-19　如图 3-35 所示，试计算该建筑物平整场地的工程量。

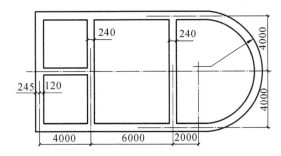

图 3-35　某建筑物底层平面图

【解】

$$S_{平整} = S_1 + S_1$$

$$S_1 = (4 + 6 + 2 + 0.245 + 2) \times (4 + 4 + 0.245 \times 2 + 2 \times 2)\ m^2 = 177.920\ m^2$$

$$S_2 = \frac{1}{2}\pi(4+0.245+2)^2 \ \mathrm{m^2} = 61.261 \ \mathrm{m^2}$$

$$S_{平整} = (177.920 + 61.261) \ \mathrm{m^2} = 239.181 \ \mathrm{m^2}$$

【解析】 由于图 3-35 中，包括半圆图形，故只能使用平整场地的定义"底面积的外边线，每边各加 2 m 以面积计算"。

任务 8 回填土

1. 定额说明

（1）如表 3-8 所示，场区（含地下室顶板以上）回填，按相应子目的人工、机械乘以系数 0.9。

表 3-8 定额说明

定额编号				01-1-2-1	01-1-2-2	01-1-2-1
项 目			单位	人工挖土方		机械挖土方
				松填	夯填	
				$\mathrm{m^3}$	$\mathrm{m^3}$	$\mathrm{m^3}$
人工	00030153	其他工	工日	0.0745	0.2100	0.0850
		人工工日	工日	0.0745	0.2100	0.0850
机械	99130340	电动关机 250 N·m	合班			0.0955

（2）基础（地下室）周边回填材料时，按"地基处理与边坡支护工程"第一节中地基处理相应定额子目（换填垫层）的人工、机械乘以系数 0.9。

2. 工程量计算规则及实例解析

1）回填土

回填土按夯填和松填分别以体积计算。

回填土按下列规定以体积计算。

（1）基础回填，按挖方体积减去设计室外地坪以下埋设的基础体积（包括基础垫层及其他构筑物）计算。

基础回填土（基础完工后，土回填至设计室外标高）：

计算公式：

$$V_{基础填} = V_{挖} - V_0$$

其中：V_0——设计室外地坪以下埋设的实物体积，如垫层、砌体、混凝土基础、地下室所占的外形体积等，如图 3-36 所示。此时的砌体体积并不是全部的砖基础体积，而是图中设计室外地坪以下的砖基础部分,不包括室内外高差部分的砖基础体积。

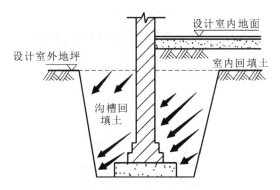

图 3-36 沟槽及室内回填土示意图

例 3-20 某建筑物基础平面图、剖面图如图 3-37 所示。现已知混凝土垫层体积为 2.4 m³,砖基础体积为 18.46 m³,室内外高差部分砖基础体积为 3.08 m³。试计算该建筑物的基础回填工程量。

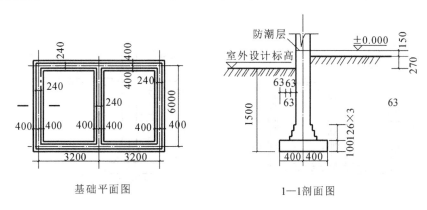

基础平面图   1—1剖面图

图 3-37 某基础平面图、剖面图

【解】
$$V_{挖}=L\times S=114.75 \text{ m}^3$$
$$L=L_{外}+L_{内}=30 \text{ m}$$
$$L_{外}=(3.2\times2+6)\times2 \text{ m}=24.8 \text{ m}$$
$$L_{内}=(6-0.4\times2) \text{ m}=5.2 \text{ m}$$
$$S=(a+2c+kH)\times H=(0.8+2\times0.3+0.5\times1.7)\times1.7 \text{ m}^2=3.825 \text{ m}^2$$
$$V_0=V_{垫层}+V_{砖基}-V_{室内外高差部分砖基}=(2.4+18.46-3.08) \text{ m}^3=17.78 \text{ m}^3$$
基础回填工程量: $V_{基础填}=V_{挖}-V_0=(114.75-17.78) \text{ m}^3=96.97 \text{ m}^3$

【解析】 在减去沟槽内砌筑的基础时,不能直接减去砖基础的工程量,因为砖基础与砖墙的分界线在设计室内地面,而回填土的分界线在设计室外地坪,所以要注意调整两个分界线之间相差的工程量。

(2)室内(房心)回填,按主墙间净面积乘以回填厚度计算,不扣除间隔墙。室内回填土厚度示意图如图 3-38 所示。

室内(房心)回填土(设计室外地坪标高至室内地面垫层底标高之间的回填上)计算公式:
$$V_{室内填}=主墙间净面积\times回填土厚度 =(S_{底}-L_{中}\times外墙厚-L_{墙内净}\times内墙厚)\times(室内外高$$

差—地坪厚度）

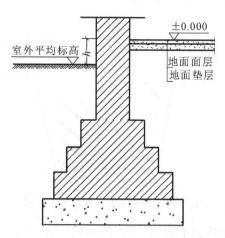

图 3-38 室内回填土厚度 h 示意图

例 3-21　如图 3-39 所示为某基础平面图、剖面图，试计算该建筑物的室内回填工程量。

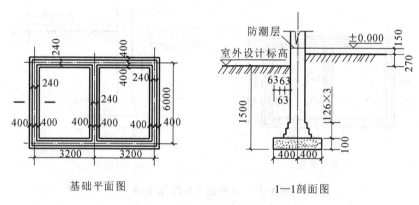

基础平面图　　　　　　　　　　1—1 剖面图

图 3-39　某基础平面图、剖面图

【解】　室内回填工程量：
$$V_{室内填} = (3.2 - 0.24) \times (6 - 0.24) \times 2 \times 0.27 \ \text{m}^3 = 9.21 \ \text{m}^3$$

【解析】　① 分间算出净面积，再乘以回填厚度。

② 图 3-29 中 150 mm 为地坪厚度。

③ 场区（含地下室顶板以上）回填，按回填面积乘以平均回填厚度计算。

④ 管道沟槽回填，按挖方体积减去管道基础和表 3-9 所示管道折合回填体积计算。

表 3-9　管道折合回填体积表　　　　　　　　　　（m³/m）

管　　道	公称直径（mm 以内）					
	500	600	800	1000	1200	1500
混凝土管道及钢筋混凝土管道	—	0.33	0.60	0.92	1.15	1.45
其他材质管道	—	0.22	0.46	0.74	—	—

2）余土或取土

余土或取土按下列规定以体积计算：

$$余土运输体积 = 挖土量 - 回填土量$$

式中计算结果是正值时为余土外运体积；负值时为需取土体积。

例 3-22 如图 3-39 所示基础平面图、剖面图，试计算该建筑物的余土运输工程量。

【解】 $V_{余土} = V_{挖} - (V_{基础填} + V_{室内填}) = [114.75 - (96.97 + 9.21)]\ \mathrm{m^3} = 8.57\ \mathrm{m^3}$

例 3-23 如图 3-40 所示，已知砖基及 GZ 工程量之和为 58.34 m³，带基垫层工程量为 15.41 m³，带基混凝土工程量为 37.98 m³，J1 垫层为 0.09 m³，J1 及柱混凝土工程量为 0.35 m³，室内地坪厚 10 mm。试计算：① 挖土方工程量；② 土方回填工程量；③ 余土运输工程量。

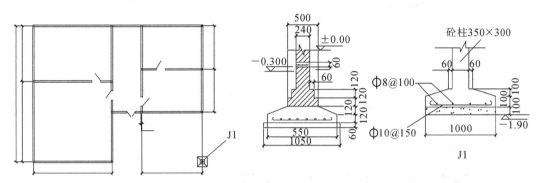

图 3-40 某建筑基础平面图

【解】 （1）挖土方工程量。

① 挖地槽：

$$V = L \times S = (100 + 46.8) \times 3.92\ \mathrm{m^3} = 575.456\ \mathrm{m^3}$$

$$L_{外中} = (28 \times 2 + 22 \times 2)\ \mathrm{m} = 100\ \mathrm{m}$$

$$L_{内净} = [13 - 1.05 + 10 - 1.05 + (14 - 1.05) \times 2]\ \mathrm{m} = 46.8\ \mathrm{m}$$

$$挖土深度\ H = (1.9 - 0.3)\ \mathrm{m} = 1.6\ \mathrm{m}$$

$$S = (a + 2c + kH) \times H = (1.05 + 2 \times 0.3 + 0.5 \times 1.6) \times 1.6\ \mathrm{m^2} = 3.92\ \mathrm{m^2}$$

② 挖基坑 J1：

$$V = (a + 2c + kH) \times (b + 2c + kH) \times H + \frac{1}{3}k^2 H^3$$

$$= [(1 + 2 \times 0.3 + 0.5 \times 1.6) \times (0.9 + 2 \times 0.3 + 0.5 \times 1.6) \times 1.6 + 1/3 \times 0.5^2 \times 1.6^3]\ \mathrm{m^3}$$

$$= 9.173\ \mathrm{m^3}$$

$$V_{挖} = (575.456 + 9.173)\ \mathrm{m^3} = 584.629\ \mathrm{m^3}$$

（2）土方回填工程量。

沟槽处 $V_{室内外高差部分砖基及GZ}$：

$$L_{外} = L_{外中} = (28 \times 2 + 22 \times 2)\ \mathrm{m} = 100\ \mathrm{m}$$

$$L_{内} = L_{内中} - 砖基宽 = [13 - 0.24 + 10 - 0.24 + (14 - 0.24) \times 2]\ \mathrm{m} = 50.04\ \mathrm{m}$$

$$S = 0.24 \times 0.3\ \mathrm{m^2} = 0.072\ \mathrm{m^2}$$

$$V' = (100 + 50.04) \times 0.072\ \mathrm{m^3} = 10.803\ \mathrm{m^3}$$

$$V_{带基填} = V_{挖} - V_0 = V_{挖} - (V_{垫层} + V_{带基} + V_{砖基及GZ} - V_{室内外高差部分砖基及GZ})$$
$$= [575.456 - (15.41 + 37.98 + 58.34 - 10.803)] \text{ m}^3$$
$$= 474.529 \text{ m}^3$$

J1 处 $V_{室内外高差部分混凝土柱}$：

$$V'' = 0.35 \times 0.3 \times 0.3 \text{ m}^3 = 0.032 \text{ m}^3$$
$$V_{J1回填} = [9.173 - (0.09 + 0.35 - 0.032)] \text{ m}^3 = 8.765 \text{ m}^3$$
$$V_{基础填} = (474.529 + 8.765) \text{ m}^3 = 483.294 \text{ m}^3$$
$$V_{室内填} = S_{室内净} \times h$$
$$S_{室内净} = [(13 - 0.24) \times (13 - 0.24) + (13 - 0.24) \times (9 - 0.24) + (5 - 0.24)$$
$$\times (7 + 7 - 0.24) + (10 - 0.24) \times (7 - 0.24) \times 2] \text{ m}^2$$
$$= 472.048 \text{ m}^2$$
$$H = (0.3 - 0.1) \text{ m} = 0.2 \text{ m}$$
$$V_{室内填} = 472.048 \times 0.2 \text{ m}^3 = 94.410 \text{ m}^3$$

（3）余土运输。

$$V_{余土} = V_{挖} - (V_{基础填} + V_{室内填}) = [584.629 - (483.294 + 94.410)] \text{ m}^3 = 6.925 \text{ m}^3$$

【解析】 题目中关于砖基础及混凝土柱工程量的计算在后续章节中会具体介绍。

任务 9 场地机械碾压

场地机械碾压按下列规定计算。

（1）填土机械碾压，按设计图示尺寸以体积计算。

（2）原土机械碾压，按设计图示尺寸以面积计算。

任务 10 机械土方运距

机械土方运距按下列方法计算。

（1）推土机推距，按挖方区重心至填方区重心直线距离计算。

（2）自卸汽车装车、运土，按挖方区重心至填方区（堆放地点）重心之间的最短行驶距离计算。

图 3-41 所示为机械土方运距示意图。

计算公式：

$$X_C = \frac{\sum (分块后规则图形面积 \times 其重心至 Y 轴距离)}{\sum 分块后规则图形面积}$$

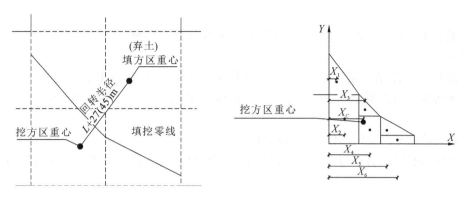

图 3-41 机械土方运距示意图

$$Y_C = \frac{\sum(\text{分块后规则图形面积} \times \text{其重心至 } X \text{ 轴距离})}{\sum \text{分块后规则图形面积}}$$

任务11 淤泥流砂、泥浆外运

淤泥流砂、泥浆外运按下列规定计算。

（1）淤泥流砂外运按设计或施工组织设计规定的位置、界限，以实际挖方体积计算。

（2）钻孔灌注桩等泥浆外运按设计图示钻孔灌注桩成孔体积计算。

任务12 逆作法

1. 定额说明

（1）适用于多层地下室结构逆作法施工。

（2）逆作法土方分明挖和暗挖两部分施工。明挖土方按相应挖土子目执行，暗挖土方指地下室首层楼板结构完成后的挖土。

（3）逆作法暗挖土方已综合考虑了支撑间挖土降效因素以及挖掘机水平驳运土和垂直吊运土因素。

2. 工程量计算规则

逆作法施工按下列计算规则计算。

与逆作法施工有关的混凝土柱、梁、板、复合墙等的模板、混凝土、钢筋按本章节相应子目执行。

(1) 暗挖土方按地下连续墙内侧水平投影面积乘以挖土深度计算,不扣除格构柱以及桩体所占的体积。

(2) 混凝土垫层、连续墙和混凝土桩柱表面凿除,按设计图示尺寸以体积计算。

(3) 钢格构柱内混凝土凿除,按设计图示或施工组织设计规定的位置、界限,以凿除体积计算。

(4) 钢格构柱切割,按设计图示以质量计算。

(5) 桩柱、复合墙、有梁板、平板按"混凝土及钢筋混凝土工程"及"措施项目"相应计算规则执行。

地基处理与边坡支护工程

1. 掌握地基处理中水泥土搅拌桩和高压旋喷桩的相关知识及其计算。
2. 掌握边坡支护的相关知识及其计算。

任务 1 定额项目设置及相关知识

1.定额项目设置

本章定额共包括 2 节 71 个子目,定额项目组成如表 4-1 所示。

表 4-1　地基处理与边坡支护工程项目组成表

章	节	子　目
地基处理与边坡支护工程	地基处理 01-2-1-1～27	换填垫层 铺设土工布 强夯土方 水泥土搅拌桩 高压旋喷桩 压密注浆 褥垫层
	边坡支护工程 01-2-2-1～44	地下连续墙 型钢水泥土搅拌墙 钢板桩 锚杆锚索 砂浆土钉 喷射混凝土护坡 预拌混凝土(泵送)基坑支撑 钢支撑 钢管使用(租赁)

2. 相关知识

1）地基处理

（1）地基处理,一般是指用于改善支撑建筑物的地基(土或岩石)的承载能力或者改善其变形性质或渗透性质而采取的工程技术措施。

（2）地基所面临的问题主要有以下几个方面:① 承载力及稳定性问题;② 压缩及不均匀沉降问题;③ 渗漏问题;④ 液化问题;⑤ 特殊土质的问题。当天然地基存在上述五类问题之一或其中几个时,需采用地基处理措施以保证上部结构的安全与正常使用。

（3）地基处理的方法有:孔内深层强夯、换填垫层、强夯地基振冲密实(不填料)、砂石桩、振冲桩(填料)、高压喷射注浆桩、预压地基、夯实水泥土桩、水泥粉煤灰碎石桩、石灰桩、灰土(土)挤密桩、柱锤冲扩桩、深层搅拌桩、粉喷桩、铺设土工合成材料和褥垫层等。

（4）常用地基处理方法。

目前常用地基处理方法是水泥土搅拌桩和高压旋喷桩。

① 水泥土搅拌桩。

水泥土搅拌桩是用于加固饱和软黏土地基的一种方法,它利用水泥作为固化剂,通过特制的搅拌机械,在地基深处将软土和固化剂强制搅拌,利用固化剂和软土之间所产生的一系列物理化学反应,使软土硬结成具有整体性、水稳定性和一定强度的优质地基。加固深度通常超过 5 m,干法加固深度不宜超过 15 m,湿法加固深度不宜超过 20 m。

施工流程如下:

桩位放样→钻机就位→检验、调整钻机→正循环钻至设计深度→打开高压注浆泵→反循环提钻并喷水泥浆→至工作基准面以下 0.3 m→重复搅拌下钻至设计深度→反循环提钻并喷水泥浆至地表→成桩结束→施工下一根桩。

施工顺序:搅拌桩直线段的施工顺序可采用跳打、单侧挤压和先行钻孔套打方式,转角处采用搭接方法套钻。相关施工示意图如图 4-1~图 4-4 所示。

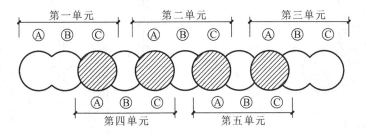

图 4-1 跳打方式施工示意图

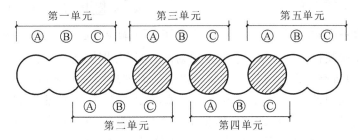

图 4-2 单侧挤压方式施工示意图

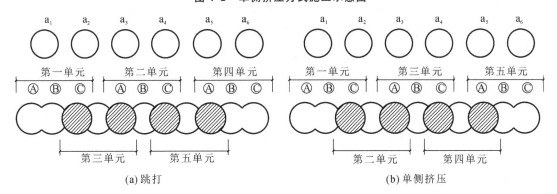

(a) 跳打　　　　　　　　　　　　　　　(b) 单侧挤压

图 4-3 先行钻孔套打方式施工示意图

a. 三轴水泥土搅拌桩:一喷一搅。其施工流程图如图 4-5 所示。

b. 二轴水泥土搅拌桩:一喷二搅、二喷四搅。

一喷二搅施工流程:边喷浆边搅拌下沉→搅拌提升→完成。

二喷四搅施工流程:搅拌下沉→喷浆提升→搅拌下沉→喷浆提升→搅拌下沉→搅拌提升→完成。

c.单轴水泥土搅拌桩:一喷二搅。

② 高压喷射注浆桩(高压旋喷桩)。

高压旋喷桩是以高压旋转的喷嘴将水泥浆喷入土层与土体混合,形成连续搭接的水泥加固体。该方法施工占地少、振动小、噪声较低,但容易污染环境,成本较高,对于特殊的不能使用喷出浆液凝固的土质不宜采用。

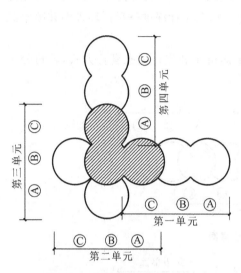

图 4-4　转角搭接施工示意图

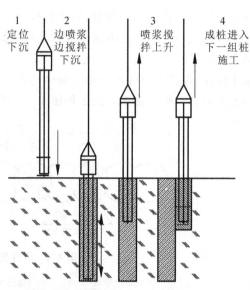

图 4-5　三轴搅拌桩一喷一搅单侧挤压施工流程图

a.三重管高压旋喷桩是一种水、气、浆液喷射法,使用分别输送水、气、浆液三种介质的三重注浆管,在以高压泵等高压发生装置产生高压水流的周围环绕一股圆筒状气流,进行高压水流喷射流和气流同轴喷射冲切土体,形成较大的空隙,再由泥浆泵将水泥浆以较低压力注入被切割破碎的地基中,喷嘴作旋转和提升运动,使水泥浆与土混合,在土中凝固,形成较大的固结体,其加固体直径可达2 m。机理是用高压水去切割土体,然后用水泥浆再去充填切割后的土体,桩径一般为 1.0～1.2 m,可以在圆砾层内施工,水泥用量一般在 400 kg/m,正常施工速度一般在10～20 cm/min。图 4-6 所示为三重管旋喷注浆示意图。

b.两重管高压旋喷桩又称浆液气体喷射法,是用两重注浆管同时将水泥浆液和空气两种介质喷射流横向喷射出,冲击破坏土体。在高压浆液和它外圈环绕气流的共同作用下,破坏土体的能量显著增大,最后在土中形成较大的固结体,桩径一般为 0.6～0.8 m,一般用在中密砂层中,水泥用量一般<300 kg/m,正常施工速度一般在 10～20 cm/min。图 4-7 所示为两重管旋喷注浆示意图。

c.单重管高压旋喷桩仅喷水泥浆液,桩径最小,桩径一般≤0.6 m,一般用在松散、稍密砂层中,水泥用量一般<200 kg/m,正常施工速度一般在 20 cm/min。图 4-8 所示为单重管旋喷注浆示意图。

2)边坡支护

常见的基坑边坡支护形式有:水泥土墙支护、排桩、地下连续墙、钢板桩支护、土钉墙支护(喷锚支护)、逆作拱墙、咬合灌注桩、圆木桩、型钢水泥土搅拌墙、喷射混凝土护坡、钢筋混凝土支撑、钢支撑等。

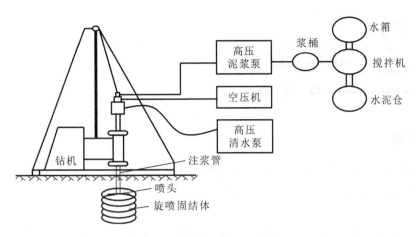

图 4-6　三重管旋喷注浆示意图

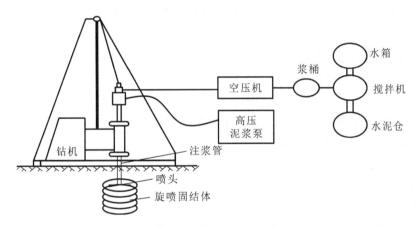

图 4-7　两重管旋喷注浆示意图

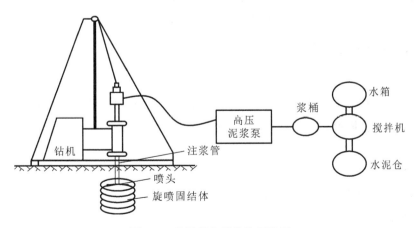

图 4-8　单重管旋喷注浆示意图

任务 2 地基处理

1. 定额说明

（1）换填垫层子目适用于软地基挖土后的换填材料加固等。

（2）铺设土工布为基底整理平整后的铺设。

（3）强夯地基。

① 强夯子目中每单位面积夯点数，指设计文件规定单位面积内的夯点数量，若设计文件的夯点数量与定额不一致时，可采用内插法计算消耗量。

② 强夯的夯击击数是指强夯机械就位后，夯锤在同一夯点上下起落的次数。

（4）水泥土搅拌桩。

① 水泥土搅拌桩的水泥掺量按加固土重 1800 kg/m³ 计算，如设计与定额掺量不同时，按每增减 1％子目（01-2-1-19）计算。

② 水泥土搅拌桩如设计采用全断面套打时，执行本章第二节型钢水泥土搅拌墙子目。

③ 水泥土搅拌桩空搅部分，如设计采用低渗量回掺水泥时，其材料可按设计用量增加。

（5）高压旋喷桩（高压喷射注浆桩）。

高压旋喷桩成孔子目（01-2-1-20），定额按双重管旋喷桩机编制。如为单重管或三重管旋喷桩机成孔者，则调整相应机械，但消耗量不变。

（6）压密注浆。

① 注浆子目中注浆管消耗量为摊销量，若为一次性使用，可进行调整。

② 当设计文件要求的注浆料及用量与定额不同时可作调整，人工、机械不作调整。

（7）褥垫层适用于在桩承台下铺设的砂、碎石等垫层。

2. 工程量计算规则及实例解析

1）换填垫层

换填垫层，将路基范围内的软土清除，用稳定性好的土、石回填并压实或夯实。

工程量计算规则：换填垫层（填料加固）按设计图示尺寸以体积 V 计算。换填垫层示意图如图 4-9 所示。

2）土工布

土工布按设计图示尺寸以面积 S 计算。

3）强夯地基

强夯地基按下列规定计算。

（1）如图 4-10 所示，按设计图示强夯处理范围以面积 S 计算（即按设计图纸最外围点夯轴线加其最近两轴线的距离所包围的面积计算）。设计无规定时，按建筑物外围边线每边各加 4 m 计算。

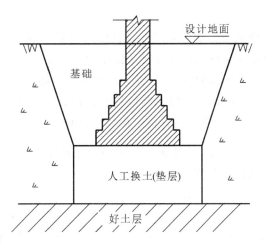

图4-9　换填垫层示意图

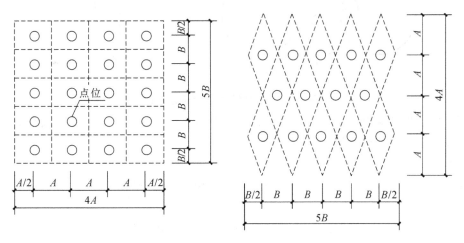

图4-10　强夯处理范围示意图

（2）强夯工程量应区别不同夯击能量和夯点密度，按设计图示夯击范围及夯击遍数分别计算。夯点平面布置示意图如图4-11所示。

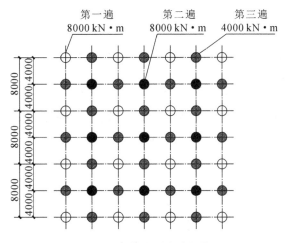

图4-11　夯点平面布置示意图

4）水泥土搅拌桩

水泥土搅拌桩按设计图示桩截面面积乘以桩长以体积 V 计算。

（1）承重桩按设计图示桩截面面积乘以设计桩长加 0.4 m。

（2）围护桩用于基坑加固土体的,按设计加固面积乘以加固深度以体积计算。

（3）空搅按设计图示桩截面面积乘以自然地坪至桩顶长度以体积计算;用于基坑加固土体的空搅部分,按设计图示加固面积乘以设计深度以体积计算。

例 4-1　　如图 4-12 所示,桩径 ϕ 为 850 mm,桩轴（圆心）矩为 600 mm,试计算搭接的水泥土搅拌桩每幅桩的截面积（SMW 工法）。

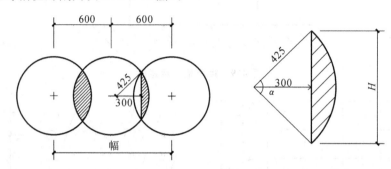

图 4-12　三轴搅拌桩径断面示意图

【解】　已知桩径 ϕ 为 850 mm,桩轴（圆心）矩为 600 mm,则每次成活桩截面积 S 为三个圆面积扣减 4 个重叠的弓形面积,计算方式为

原面积:

$$S_1 = (0.85/2)^2 \times \pi \times 3 \text{ m}^2 = 1.702 \text{ m}^2$$

圆心角:

$$\theta = 2 \times \arccos(0.3/0.425) = 90.198°$$

一个扇形面积:

$$S_2 = (0.85/2)^2 \times \pi \times 90.198/360 \text{ m}^2 = 0.142 \text{ m}^2$$

三角形面积:

$$S_3 = \cos 45.099° \times 0.425 \times \sin 45.099° \times 0.425 \text{ m}^2 = 0.090 \text{ m}^2$$

一个弓形面积:

$$S_4 = S_2 - S_3 = (0.142 - 0.090) \text{ m}^2 = 0.052 \text{ m}^2$$

每次成活桩截面积:

$$S = S_1 - 4 \times S_4 = (1.702 - 0.052 \times 4) \text{ m}^2 = 1.494 \text{ m}^2$$

【解析】　采用多轴施工搅拌桩的工程量计算关键在于桩截面积的确定,仍采用“桩径截面积”则不可行,应该扣除桩径截面一次形成的重叠部位面积,如图 4-12 所示为三轴搅拌桩,应扣除两个部位的重叠面积。

5）高压喷射注浆桩

高压喷射注浆桩（高压旋喷桩）按下列规定计算。

（1）成孔按设计图示尺寸以桩长 L 计算。

（2）喷浆按设计图示桩截面面积乘以桩长以体积 V 计算。

（3）喷浆用于基坑加固土体的按设计加固面积乘以设计加固深度以体积 V 计算。

6）压密注浆

压密注浆按下列规定计算。

（1）钻孔按设计图示尺寸的钻孔深度以长度 L 计算。

（2）注浆按设计图示尺寸以体积 V 计算。

① 如设计图纸以布点形式图示土体加固范围的，则按两孔间距的一半作为扩散半径，以布点边线各加扩散半径，形成计算平面计算注浆体积。

② 如设计图纸注浆点在钻孔灌注混凝土桩之间，按两注浆孔距作为每孔的扩散直径，以此圆柱体体积计算注浆体积。

7）褥垫层

褥垫层按设计图示尺寸以体积 V 计算。

任务 3 基坑与边坡支护

1.定额说明

（1）地下连续墙。

① 导墙的挖土、回填、运土、模板、钢筋等按相应章节定额子目执行。

② 地下连续墙子目未包括土方及泥浆外运。

（2）型钢水泥土搅拌墙。

① 型钢水泥土搅拌墙，如设计与定额掺量不同时可作换算，人工、机械不作调整。

② 型钢水泥土搅拌墙中的重复套钻部分已在定额内考虑，不另行计算。

（3）钢板桩。

① 打拔槽钢或钢轨（01-2-2-20～23），按相应钢板桩子目，其机械乘以系数 0.77，其他不变。

② 如单位工程的钢板桩的工程量≤50 t 时，其人工、机械按相应子目乘以系数 1.25 计算。

（4）喷射混凝土护坡，如设计文件需要放置钢筋（钢筋网片）者，另按"混凝土及钢筋混凝土工程"中钢筋工程的相应子目执行。

（5）钢筋混凝土支撑的钢筋、模板等按"混凝土及钢筋混凝土工程"及"措施项目"相应定额子目执行。

（6）钢支撑。

① 钢支撑适用于基坑开挖的大型支撑安装、拆除。

② 钢支撑安装、拆除，定额按一道支撑编制，从地面以下第二道起，每增加一道钢管支撑，其定额人工、机械累计乘以系数 1.1（01-2-2-40～43）。

（7）水泥土搅拌桩、高压旋喷桩、型钢水泥土搅拌墙等均不包括开槽挖土；如实际发生时，按相应定额子目执行。

（8）本章定额不包括外掺剂材料。

2. 工程量计算规则及实例解析

1）地下连续墙

地下连续墙：利用各种挖槽机械，借助于泥浆的护壁作用，在地下挖出窄而深的沟槽，并在其中浇筑适当的材料而形成的一道具有防渗（水）、挡土和承重的连续的地下墙体。图 4-13 所示为地下连续墙施工工序示意图。

地下连续墙工程量按下列规定计算。

导墙开挖　　　　导墙钢筋绑扎　　　　导墙混凝土浇筑　　　　导墙结构支撑

成槽开挖　　　　钢筋笼起吊　　　　钢筋笼入槽　　　　混凝土浇筑

图 4-13　地下连续墙施工工序示意图

（1）导墙混凝土按设计图示尺寸以体积 V 计算。

（2）成槽按设计图示墙中心长乘以厚度乘以槽深加 0.5 m 以体积计算。

计算公式：

$$V = L \times B \times (h + 0.5)$$

（3）钢筋网片按设计钢筋长度乘以单位理论质量计算。

（4）混凝土浇筑按设计图示墙中心长乘以墙厚及墙深以体积 V 计算。

（5）混凝土导墙拆除、清底置换及接头管（锁口管）安、拔按设计图示槽段数量，分别以段计算。

图 4-14 所示为地下连续墙示意图。

2）型钢水泥土搅拌墙

型钢水泥土搅拌墙按下列规定计算。

（1）型钢水泥土搅拌墙按设计图示断面面积乘以设计桩长（压梁底至桩底）以体积计算。

（2）开槽施工桩长算至槽底。

（3）插拔型钢按设计图示尺寸以质量 W 计算。

3）钢板桩

钢板桩是一种边缘带有联动装置，且这种联动装置可以自由组合以便形成一种连续紧密的挡土或者挡水墙的钢结构体。如图 4-15 所示。

钢板桩按下列规定计算。

（1）打、拔钢板桩按设计桩体以质量 W 计算。

（2）安拆导向夹具按设计图示尺寸以长度 L 计算。

图 4-14 地下连续墙示意图 **图 4-15 钢板桩示意图**

4）锚杆（锚索）、土钉

锚杆（锚索）、土钉按下列规定计算。

（1）锚杆（锚索）、土钉的钻孔、注浆按设计图示或施工组织设计规定的钻孔深度以长度 L 计算。

（2）锚头制作、安装、张拉、锁定按设计图示数量以套计算。

5）喷射混凝土护坡

喷射混凝土护坡按设计图示或施工组织设计规定以面积 S 计算。

6）现浇钢筋混凝土支撑

现浇钢筋混凝土支撑按设计图示尺寸以体积 V 计算。

7）钢支撑安拆

钢支撑安拆按设计图示尺寸以质量 W 计算，不扣除孔眼质量；焊条、铆钉、螺栓等也不另增加质量。

8）型钢桩、钢板桩、钢管支撑

型钢桩、钢板桩、钢管支撑的使用（租赁）按质量乘以使用天数计算，使用天数按施工组织设计确定的天数计算。

例 4-2 　某边坡工程采用土钉支护，根据岩土工程勘察报告，地层为带块石的碎石土，土钉成孔直径为 90 mm，采用 1 根 HRB335，直径 25 mm 的钢筋作为杆体，成孔深度均为 12.0 m，土钉入射倾角为 15°，钢筋送入钻孔后，灌注 M3.0 水泥砂浆。混凝土面板采用 C20 喷射混凝土，厚度为 70 mm，如图 4-16、图 4-17 所示。试计算该边坡支护工程量（不考虑挂网及锚杆、喷射平台等内容）。

【解】（1）土钉工程量。

工程量计算规则：锚杆（锚索）、土钉的钻孔、注浆按设计图示或施工组织设计规定的钻孔深度以长度 L 计算。

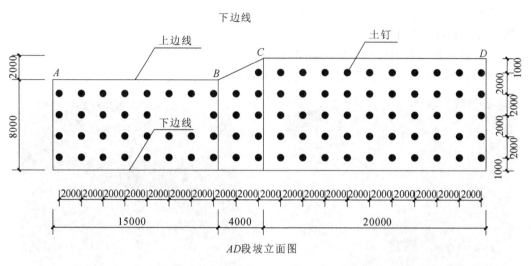

图 4-16 土钉支护 AD 段边坡立面图

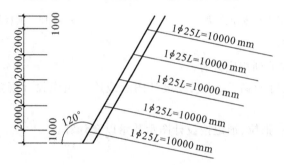

图 4-17 AD 段边坡剖面图

砂浆土钉(钻孔灌浆)套用定额 01-2-2-36:

① AB 段: $N_1 = 8 \times 4$ 根 = 32 根

② BC 段: $N_2 = (4+5)$ 根 = 9 根

③ CD 段: $N_3 = 10 \times 5$ 根 = 50 根

$$N = N_1 + N_2 + N_3 = (32+9+50) \text{根} = 91 \text{ 根}$$

$$L = 12 \times 91 \text{ m} = 1092 \text{ m}$$

(2) 喷射混凝土护坡工程量。

工程量计算规则:喷射混凝土护坡工程量按设计图示或施工组织设计规定以面积 S 计算。

喷射混凝土护坡套用定额 01-2-2-37 如下。

① AB 段: $S_1 = 8 \times 15/\cos30° \text{ m}^2 = 138.568 \text{ m}^2$

② BC 段: $S_2 = (10+8)/2 \times 4/\cos30° \text{ m}^2 = 41.570 \text{ m}^2$

③ CD 段: $S_3 = 10 \times 20/\cos30° \text{ m}^2 = 230.947 \text{ m}^2$

$$S = S_1 + S_2 + S_3 = (138.568 + 41.569 + 230.940) \text{ m}^2 = 411.085 \text{ m}^2$$

桩基工程

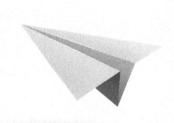

1. 掌握打桩、送桩和接桩的概念和工程量计算方法。
2. 掌握就地灌注桩、钻孔灌注桩和护壁的工程量计算方法。
3. 了解其他桩基础工程量计算方法。

任务 1 定额项目设置及相关知识

1. 定额项目设置

本章定额共包括 2 节 80 个子目,定额项目组成如图 5-1 所示。

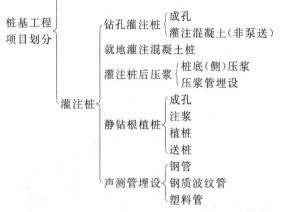

打桩:打钢筋混凝土短桩,打钢筋混凝土方桩,打钢筋混凝土方桩送桩,压钢筋混凝土方桩,压钢筋混凝土方桩送桩,打钢筋混凝土方桩接桩,压钢筋混凝土方桩接桩,打钢筋混凝土管桩,压钢筋混凝土管桩,压钢筋混凝土管桩送桩,打钢筋混凝土管桩接桩,压钢筋混凝土管桩接桩,打钢管桩,钢管桩内切割,钢管桩精割盖帽,钢管桩接桩,截钢筋混凝土方桩,凿钢筋混凝土方桩,截、凿钻孔灌注桩,截钢筋混凝土管桩

桩基工程项目划分

　　灌注桩

　　钻孔灌注桩：成孔／灌注混凝土(非泵送)

　　就地灌注混凝土桩

　　灌注桩后压浆：桩底(侧)压浆／压浆管埋设

　　静钻根植桩：成孔／注浆／植桩／送桩

　　声测管埋设：钢管／钢质波纹管／塑料管

图 5-1　桩基工程定额项目组成

2. 相关知识

1) 桩基础

桩基础是由埋设在地基中的多根桩(称为桩群)和把桩群联合起来共同工作的桩台(称为承台)两部分组成。

桩基础的作用是将荷载传至地下较深处承载性能好的土层,以满足承载力和沉降的要求。桩基础的承载能力高,能承受竖直荷载,也能承受水平荷载,能抵抗上拔荷载也能承受振动荷载,是应用最广泛的深基础形式。

2) 灌注桩

灌注桩是一种就位成孔,灌注混凝土或钢筋混凝土而制成的桩。

灌注桩按其成孔方法不同,可分为钻孔灌注桩、沉管灌注桩、人工挖孔灌注桩、爆扩灌注桩等。

(1) 钻孔灌注桩。

钻孔灌注桩指利用钻孔机械钻出桩孔,并在孔中浇筑混凝土(或先在孔中吊放钢筋笼)而成的桩。

根据钻孔机械的钻头是否在土的含水层中施工,又分为泥浆护壁成孔、干作业成孔和套管护壁三种方法。

① 泥浆护壁成孔灌注桩施工工艺流程:场地平整→桩位放线→开挖浆池、浆沟→护筒埋设→钻机就位、孔位校正→成孔、泥浆循环、清除废浆、泥渣→第一次清孔→质量验收→下钢筋笼和钢导管→第二次清孔→浇筑水下混凝土→成桩。

② 干作业成孔灌注桩施工工艺流程:测定桩位→钻孔→清孔→下钢筋笼→浇筑混凝土。

(2)灌注桩后压浆。

在灌注桩施工中将钢管沿桩钢筋笼外壁埋设,桩的混凝土强度满足要求后,将水泥浆液通过钢管由压力作用压入桩端的碎石层孔隙中,使得原本松散的沉渣、碎石、土粒和裂隙黏结成一个高强度的结合体。

施工流程:灌注桩成孔→钢筋笼制作→压浆管制作→灌注桩清孔→压浆管绑扎→下钢筋笼→灌注桩混凝土后压浆施工。

任务 2 打桩

1.定额说明

(1)打、压桩是指打到余出自然地坪0.5 m以内。定额已包括打、压桩损耗。

(2)本章均为打、压垂直桩,如打、压斜桩,斜度小于1:6时,按相应定额子目人工、机械乘以系数1.2,斜度大于1:6时,按相应定额子目人工、机械乘以系数1.3。

(3)打、压各类预制混凝土桩均包括从现场堆放位置至打桩桩位的水平运输,未包括运输过程中需要过桥、下坑及室内运桩等特殊情况。

(4)打、压各类预制桩定额分打桩、接桩、送桩。打定型短桩已包括接桩和送桩。

(5)打、压试桩时,按相应定额子目人工、机械乘以系数1.5。

(6)桩间补桩或在强夯后的地基上打、压桩时,按相应定额子目人工、机械乘以系数1.15。

(7)打、压各类预制混凝土桩,定额按购入成品构件考虑。

(8)小型打、压桩工程按相应定额人工、机械乘以系数1.25。不满表5-1所列数量的工程为小型打桩工程。

表5-1 小型打桩工程

桩 类	工 程 量
预制钢筋混凝土方桩	200 m³
预应力钢筋混凝土管桩	1000 m
灌注混凝土桩	150 m³
钢管桩	50 t

图 5-2 预制钢筋混凝土方桩

2. 工程量计算规则及实例解析

1）打、压预制钢筋混凝土桩

（1）预制钢筋混凝土方桩、定型短桩。

预制钢筋混凝土方桩、定型短桩均按设计图示桩长（不扣除桩尖虚体积）乘以桩截面面积以体积 V 计算。预制钢筋混凝土方桩如图 5-2 所示。

计算公式：

$$V = 设计桩长 L \times 桩截面面积 S$$

（包括桩尖，即不扣除桩尖虚体积）。

图 5-3 所示为设计桩长 L 示意图。

（2）预制钢筋混凝土管桩。

预制钢筋混凝土管桩，按设计图示尺寸以桩长度 L（包括桩尖）计算。预制钢筋混凝土管桩如图 5-4 所示。

（3）桩的空心部分。

如设计要求采用混凝土灌注或其他材料填充桩的空心部分时，按灌注或填充的实体体积 V 计算。

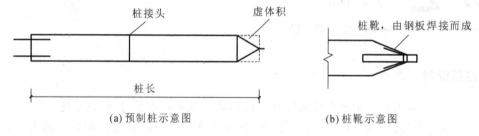

(a) 预制桩示意图　　　　　　　　　(b) 桩靴示意图

图 5-3 设计桩长 L 示意图

例 5-1 如图 5-5 所示，现有 10 根预制钢筋混凝土方桩，试计算其打桩工程量。

【解】 $V = L \times S \times 根数 = (15+0.8) \times 0.45 \times 0.45 \times 10 \ \text{m}^3 = 31.995 \ \text{m}^3$

图 5-4 预制钢筋混凝土管桩

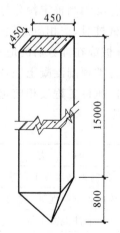

图 5-5 预制钢筋混凝土方桩尺寸

2）送桩

送桩,也称冲桩、送桩筒,是指在打桩工程中,要求将桩的顶面打入自然地坪以下,或将桩顶面打到低于桩架操作平台面以下。由于打桩机的安装和操作要求(一般打桩机的底架离地面均有一段距离,约 50 cm),桩锤不能直接锤击到桩头,就需要一段冲桩将桩顶面与桩锤联系起来,传递桩锤的力量,将桩打到要求的位置(或设计标高),最后去掉这段冲桩,这一过程即称为送桩。送桩如需填料,按定额"楼地面垫层"定额子目计算。

（1）预制钢筋混凝土方桩按桩截面面积乘以送桩长度(设计桩顶面至打、压桩前自然地坪面加 0.5 m)以体积 V 计算。

计算公式:

送桩工程量 $V_{送}$ = 桩的截面面积 S × 送桩长度 $L_{送}$

式中:送桩长度 $L_{送}$——设计桩顶面至自然地坪面加 0.5 m。

图 5-6 所示为送桩示意图。

（2）预制钢筋混凝土管桩,按设计桩顶面至打、压桩前自然地坪面加 0.5 m 以长度 L 计算。

计算公式:

$L_{送}$ = 自然地坪标高 - 设计桩顶面标高 + 0.5 m

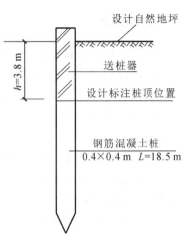

图 5-6 送桩示意图

3）接桩

一般预制钢筋混凝土方桩长度不能超过 30 m,因为过长对桩的起吊和运输等工作都会带来很多不便,所以当基础需要很长的桩时,多分段预制。打桩时先把第一段打到地面附近,然后采取技术措施,把第二段与第一段连接牢固后,继续向下打入土中,这种连接的过程叫接桩(如电焊、硫黄胶泥接桩等)。

接桩按设计图示数量以个计算。

4）钢管桩

钢管桩按设计长度(设计桩顶至桩底标高)、管径、壁厚以质量 W 计算,如图 5-7 所示。

计算公式:

$$W = (D - t) \times t \times 0.0246 \times L \div 1000$$

式中:D——钢管桩直径(mm);

W——钢管桩重量(t);

L——钢管桩长度(m);

t——钢管桩壁厚(mm)。

图 5-7 钢管桩

（1）钢管桩内切割按设计图示数量以根计算;精割盖帽按设计图示数量以个计算。

（2）接桩按设计图示数量以个计算。

5）凿、截桩

余桩≥1 m 时可计算截桩,凿、截桩以根计算;截凿混凝土灌注桩按实际截凿数量以根计算。

任务 3 灌注桩

1. 定额说明

（1）灌注桩及静钻根植桩定额子目内，均已包括了充盈系数和材料损耗，一般不予调整。

（2）灌注桩钢筋笼按"混凝土及钢筋混凝土工程"中的相应定额子目执行。

（3）截、凿钻孔灌注桩，如设计图示桩径＞φ800 的，则相应人工、机械乘以系数 1.5。

（4）各类桩顶与基础底板钢筋的焊接，按"混凝土及钢筋混凝土工程"中的相应定额子目执行。

（5）静钻根植桩子目未包括接桩、管桩填芯，可另行计算。

（6）灌注桩后压浆的注浆管理设定额按桩底注浆考虑，如设计采用侧向注浆，则相应人工、机械乘以系数 1.2，注浆管材质、规格如设计要求与定额不同时，可以换算，其他不变。

（7）灌注桩后压浆声测管埋设，若遇材质、规格不同时，用料可以调整，但人工不变。

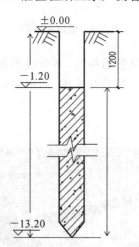

图 5-8　钻孔灌注混凝土桩示意图

2. 工程量计算规则及实例解析

1）钻孔灌注混凝土桩

钻孔灌注混凝土桩采用钻孔机钻孔成型，钻孔时灌入重质泥浆，钻至要求深度，插入输送管，由管中灌入混凝土，随灌随排出泥浆。钻孔灌注混凝土桩示意图如图 5-8 所示。

一般情况下列项计算的项目有：成孔、泥浆外运、灌注混凝土、钢筋笼制作、桩孔填料及机械进出场费用。

钻孔灌注混凝土桩按下列规定计算。

（1）灌注混凝土按设计桩长（以设计桩顶标高至桩底标高）乘以设计桩径截面积以体积 V 计算。

计算公式：

$$V = L \times S$$

（2）成孔按打桩前自然地坪标高至桩底标高乘以设计截面面积以体积 V 计算。

计算公式：

$$V = (L + L_0) \times S$$

式中：L_0——桩顶标高至自然地坪标高。

例 5-2　某工程需做钻孔灌注桩进行地基处理，共 120 根，桩顶标高为 −11.00 m，桩底标高为 −41.00 m，室外地坪标高为 −0.45 m，桩直径为 φ800 mm。试列出钻孔灌注桩相应项目，并计算工程量。

【解】　钻孔灌注桩成孔套用定额 01-3-2-3：

$$(41 - 0.45) \times \pi \times 0.4^2 \times 120 = 2445.918 \ \text{m}^3$$

钻孔灌注桩混凝土套用定额 01-3-2-4：

$$(41 - 11) \times \pi \times 0.4^2 \times 120 = 1809.557 \ \text{m}^3$$

钻孔灌注桩泥浆外运套用定额 01-1-2-9：2445.918 m³

【解析】 ① 成孔、泥浆外运，按设计室外地坪标高至桩底标高乘以设计截面面积以 m³ 计算。

② 如遇有钢筋笼，按设计图示尺寸及施工规范以 t 计算。

③ 桩孔填料，以设计桩顶标高至设计室外地坪标高乘以桩的设计截面面积以 m³ 计算。套用后续章节楼地面垫层定额子目。

注意事项：

① 钻孔灌注砼桩未包括的桩基上部硬地坪，按施工组织设计要求另行计算，套用相应定额子目。

② 机械进出场费用另计。

③ 分 $\phi600$、$\phi800$、$\phi1000$、$\phi1200$、$\phi1500$ 定额子目成孔、灌注混凝土。

$$V = nSL$$

$$钻孔灌注桩 \begin{cases} 成孔 \\ 钢筋笼（重量） \\ 浇混凝土 \\ 泥浆外运 \end{cases}$$

$$V_{浇砼} = SL$$

$$V_{成孔} = S(L_0 + L) = V_{泥浆}$$

式中：L_0——桩顶标高至自然地坪标高。

2）就地灌注混凝土桩

就地灌注混凝土桩是采用模具式钢管，打入土中到设计深度（桩长），随后在管内浇捣混凝土或灌砂，随捣随拔取出钢管。由于钢管是空心体，必须在管头上设置预制的桩尖。

计算规则：就地灌注混凝土桩按设计桩长（不扣除桩尖虚体积）乘以设计截面面积以体积 V 计算。

多次复打桩按单桩体积乘以复打次数 n 计算工程量。

设计采用钢筋笼时，按设计图示尺寸及施工规范以 t 计算钢筋笼重量，套用混凝土钻孔灌注桩钢筋定额子目。

3）静钻根植桩

静钻根植桩成孔工程量按成孔深度乘以成孔截面积以体积计算；成孔深度为打桩前自然地坪标高至设计桩底的长度；设计桩径是指预应力混凝土根植管桩竹节外径。

（1）扩底以上部分成孔工程量＝（成孔深度－扩底高度）×[（设计桩径＋10 cm）÷2]³×π。

（2）扩底部分成孔工程量＝扩底高度×（扩底直径÷2）²×π。

（3）扩底以上部分注浆工程量＝（设计桩长－扩底高度）×[（设计桩径＋10 cm）÷2]³×π×0.3。

（4）扩底部分注浆工程量同扩底部分成孔工程量

（5）植桩工程量按设计桩长以长度计算。

（6）送桩工程量＝设计桩顶标高至植桩前自然地坪面加 0.5 m 以长度计算。

4）灌注桩后压浆

灌注桩后压浆按下列规定计算。

（1）注浆管按打桩前的自然地坪标高至设计桩底标高的长度另加 0.5 m 以长度计算。

（2）灌注桩后压浆按设计注入水泥用量，以质量计算。

（3）声测管按打桩前的自然地坪标高至设计桩底标高的长度另加 0.5 m 以长度计算。

砌筑工程

通过本单元的学习,能够掌握砌筑工程部分定额的说明,能够应用砌筑部分定额项目,掌握砌筑工程部分各分部分项工程量的计算规则,能够应用砌筑部分的定额解决工程实际中的工程量计算以及工程计价及造价控制的相关问题。

任务 **1** 说明

●●●

（1）本章定额中砖、砌块等按标准或常用规格编制，设计规格与定额不同时，砌体材料和砌筑（黏结剂）材料用量可作调整换算。

本章选用的砖、砌块材料规格为：长×宽×高，长、宽、高的单位均为 mm。

① 蒸压灰砂砖：240×115×53。

② 蒸压灰砂多孔砖：240×115×90、190×90×90。

③ 加气混凝土砌块：600×（100、200）×300。

④ 混凝土小型空心砌块：（390、290、190）×190×190、（390、190）×90×190。

⑤ 砂加气混凝土砌块：600×（100、120、150、200）×250。

（2）本章砌筑砂浆及垫层灌浆按干混砂浆编制，如设计与定额所列砂浆种类、强度等级不同时，可作调整。

（3）砖砌体、砌块砌体、石砌体。

① 砖砌体和砌块砌体不分内、外墙，均执行对应规格砖及砌块的相应定额子目。

② 内墙砌筑高度超过 3.6 m 时，其超过部分按相应定额子目人工乘以系数 1.3。

③ 嵌砌墙按相应定额的砌筑工乘以系数 1.22。

④ 定额中各类砖、砌块及石砌体均按直形墙砌筑编制，如为圆弧形砌筑者，按相应定额人工耗量乘以系数 1.1，砖、砌块、石砌体及砂浆（黏结剂）用量乘以系数 1.03。

⑤ 砖砌体钢筋加固、砌体内加筋、灌注混凝土及墙身的防潮、防水、抹灰等按相应章节定额子目及规定计算。

⑥ 加气混凝土砌块墙定额内已包括镶砌砖，砂加气混凝土砌块墙、混凝土砌块墙定额内已包括砌第一皮砌块铺筑 20 厚水泥砂浆。

⑦ 混凝土小型砌块墙、混凝土模卡砌块墙定额已包括嵌砌墙人工增加难度系数及实心混凝土砌块（万能块）。

⑧ 毛石挡土墙如设计要求勾缝或压顶抹灰的，按相应章节定额子目执行。

⑨ 围墙按本章相应墙体定额子目执行。

⑩ 零星砌体适用于厕所蹲台、台阶、台阶挡墙、梯带、池槽、池槽腿、花台、花池、屋面出风口、地垄墙及小于等于 0.3 m² 的孔洞填塞等。

（4）其他墙体。

① GRC 轻质墙板定额已包括墙板底铺筑细石混凝土。

② 轻集料混凝土多孔墙板定额已包括门洞周边孔灌水泥砂浆及板缝贴网格布。

（5）本章垫层定额适用于基础、楼地面等非混凝土垫层。

任务2 工程量计算规则

(1) 基础与墙(柱)身的划分具体如下。

① 基础与墙(柱)身使用同一种材料时,以设计室内地面为界(有地下室者,以地下室室内设计地面为界),以下为基础,以上为墙(柱)身。

② 基础与墙(柱)身使用不同材料时,位于设计室内地面高度≤±300 mm时,以不同材料为分界线,高度>±300 mm时,以设计室内地面为分界线。基础与墙身分界示意图如图6-1所示。

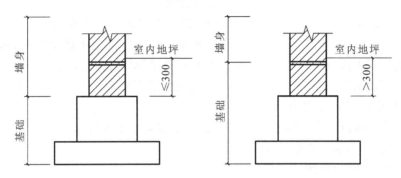

图6-1 基础与墙身分界示意图

③ 砖砌地沟不分基础和墙身,按不同材质合并工程量套用相应项目。

④ 围墙:以设计室外地坪为界,以下为基础,以上为墙体。

(2) 砖、砌块基础按设计图示尺寸以体积计算。

① 砖、砌块基础包括附墙垛基础宽出部分体积。扣除地梁(圈梁)、构造柱所占体积。

② 不扣除基础大放脚T形接头处的重叠部分及嵌入基础内的钢筋、铁件、管道、基础砂浆防潮层和单个面积≤0.3 m² 的孔洞所占体积,靠墙暖气沟的挑檐体积不增加。

基础大放脚是因结构上的需要而形成放出部分。常用砖基础放脚一般为定型的阶梯形式,每个台阶以固定尺寸向外层层叠放出去,俗称大放脚,如图6-2所示。大放脚根据其断面形式分为等高式和间隔式。等高式为两皮一收,高120 mm;间隔式为两皮一收与一皮一收相间,即高120 mm与60 mm相间。

③ 基础长度:外墙按外墙中心线长度计算,内墙按内墙净长线计算。

(3) 砖及砌块墙均按设计图示尺寸以体积计算。

① 扣除门窗、洞口、嵌入墙内的钢筋混凝土柱、梁、板、圈梁、挑梁、过梁及凹进墙内的壁龛、管槽、暖气槽、消火栓箱所占体积。不扣除梁头、板头、檩头、垫木、木楞头、沿缘木、木砖、门窗走头、砖墙内加固钢筋、木筋、铁件、钢管及单个面积≤0.3 m² 的孔洞所占的体积。凸出墙面的腰线、挑檐、压顶、窗台线、虎头砖、门窗套的体积亦不增加。凸出墙面的砖垛并入墙体体积内计算。

② 墙长度:外墙按中心线、内墙按净长计算。

③ 墙高度。

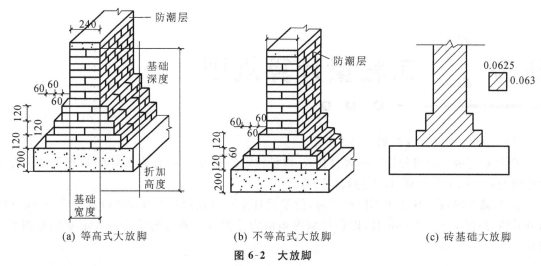

图 6-2　大放脚

a. 外墙:斜(坡)屋面无檐口天棚者算至屋面板底;有屋架且室内外均有天棚者算至屋架下弦底另加 200 mm;无天棚者算至屋架下弦底另加 300 mm,出檐宽度超过 600 mm 时按实砌高度计算;有钢筋混凝土楼板隔层者算至板顶。平屋顶算至钢筋混凝土板底。

b. 内墙:位于屋架下弦者,算至屋架下弦底;无屋架者算至天棚底另加 100 mm;有钢筋混凝土楼板隔层者算至楼板底;有框架梁时算至梁底。

c. 女儿墙:从屋面板上表面算至女儿墙顶面(如有混凝土压顶时算至压顶下表面)。

d. 内、外山墙:按其平均高度计算。

图 6-3 所示为墙高示意图。

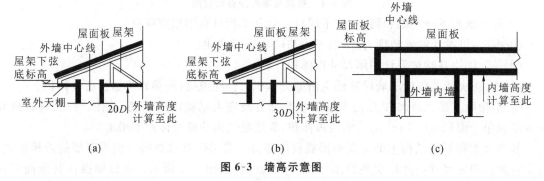

图 6-3　墙高示意图

④ 墙厚度。

a. 蒸压灰砂砖、蒸压灰砂多孔砖的砌体计算厚度,按表 6-1 所示计算。

表 6-1　砖砌体计算厚度表　　　　　　　　　　　　　　　单位:mm

砖数(厚度)	1/4	1/2	1	1½	2	2½	3
蒸压灰砂砖 (240×115×53)	53	115	240	365	490	615	740
蒸压灰砂多孔砖 (240×115×90)		侧砌 90 平砌 115	240	365	490	615	740
蒸压灰砂多孔砖 (190×90×90)		90	190	290	390	490	590

b. 使用非标准砖时,其砌体厚度应按砖实际规格和设计厚度计算。

⑤ 框架间墙:不分内外墙按墙体净尺寸以体积计算。

例6-1　某工程如图6-4~图6-8所示,室外地坪标高为-0.300 m,±0.00以下 50 mm处的防潮层为60 mm厚钢筋细石混凝土;防潮层以下为MU15砼实心灰砂砖(DM10干粉砂浆砌筑);防潮层以上为空心灰砂砖(DM5干粉砂浆砌筑);基础中有构造柱若干根;钢砼带基和垫层均采用现浇非泵送砼浇捣,混凝土强度等级分别为C30、C20,碎石粒径为5~40 mm;土壤类别综合取定;采用液压挖掘机(0.5 m³)挖土,手推车运土,场内堆放50 m;人工回填土为夯填,设室内地坪结构层(垫层、找平层、面层)厚度为18 cm。

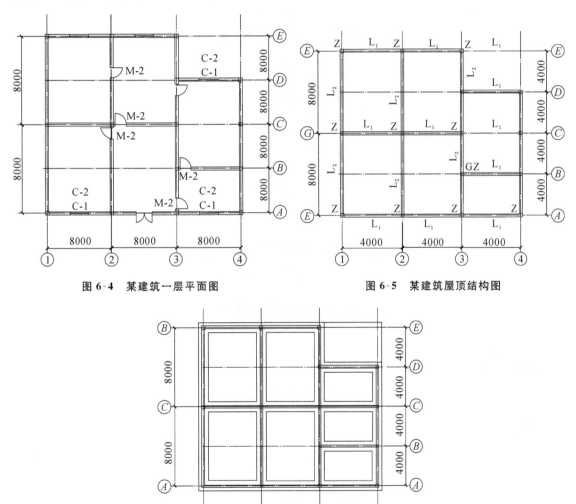

图6-4　某建筑一层平面图　　　　　图6-5　某建筑屋顶结构图

图6-6　某建筑基础平面图

图注:(1) Z柱断面为350 mm×350 mm;GZ柱断面为240 mm×240 mm;L_1断面为300 mm×350 mm;L_2断面为300 mm×400 mm;GL断面为240 mm×120 mm。

(2) M-1:1.5 m×2.4 m;M-2:0.9 m×2.1 m;C-1:1.8 m×1.5 m;C-2:1.8 m×0.9 m。

(3) 内外墙身厚240 mm;屋面板厚120 mm。

(4) 所有墙体中均加一道圈梁,QL断面为240 mm×240 mm;梁底标高为+2.4 m。

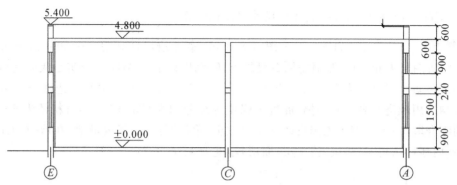

图 6-7 某建筑 1—1 剖面图

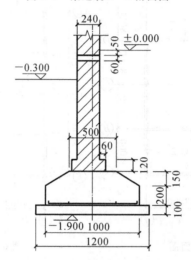

图 6-8 某建筑基础剖面图

试计算下列工程量。

（a）砖基础工程量。

【解】 计算过程如表 6-2 所示。

表 6-2 计算过程 1

构 件	位 置	规 格	计 算 表 达 式	结 果
砖基础		H	$1.9-0.1-0.2-0.15-0.06-0.05$	1.34 m
		S	$0.24\times1.34+0.0625\times0.063\times4$	0.337 m²
		$L_{外中}$	$(6+6+6+8+8)\times2-0.35\times11$	64.15 m
	1-3/C	$L_{内净}$	$6+6-0.35\times2$	11.3 m
	3-4/B	$L_{内净}$	$6-0.35\times0.5+0.35\times0.5-0.24$	5.76 m
	2/A-E	$L_{内净}$	$8+8-0.35\times2$	15.3 m
	3/A-D	$L_{内净}$	$4+4+4-0.35\times2$	11.3 m
		$\sum L$	$64.15+11.3+5.76+15.3+11.3$	107.81 m
		V	0.337×107.81	36.33 m³
	扣除 GZ	H	1.34	1.34 m
	3/B	V	$(0.24\times0.24+0.24\times0.03\times3)\times1.34$	0.106 m³
	4/B	V	$(0.24\times0.24+0.24\times0.03\times3)\times1.34$	0.106 m³
砖基础	合计	V	$36.33-0.106\times2$	36.12 m³

根据上述计算,列定额项目如表 6-3 所示。

表 6-3 定额项目 1

定 额 编 号	定 额 名 称	工 程 量
01-4-1-1	砖基础 砼实心灰砂砖(DM10 干粉砂浆砌筑)(换)	36.12 m³

定额说明:因定额项目 01-4-1-1 原本为砖基础蒸压灰砂砖,定额中的材料为蒸压灰砂砖 240 mm×115 mm×53 mm 的规格,本工程中使用的材料为砼实心灰砂砖,故在使用本定额时应注意定额消耗量的替换。

(b)墙体工程量(以部分墙体为例)。

【解】 以 1-3/E 轴这段墙体为例,计算过程如表 6-4 所示。

表 6-4 计算过程 2

构 件	位 置	规 格	计 算 表 达 式	结 果
墙体	1-3/E	H	0.05+4.8-0.35	4.5 m
		b	0.24	0.24 m
	1-3/E	$L_{净长}$	6+6-0.35×2	11.3 m
		V	0.24×11.3×4.5	12.204 m³
扣洞口	C-1	V	1.8×1.5×0.24×2	1.296 m³
	C-2	V	1.8×0.9×0.24×2	0.778 m³
扣 QL		V	0.24×0.24×11.3	0.651 m³
扣 GL		V	0.24×0.12×(1.8+0.5)×2	0.132 m³
墙体	合计	V	12.204-1.296-0.778-0.651-0.132	9.35 m³

根据上述计算,列定额项目如表 6-5 所示。

表 6-5 定额项目 2

定 额 编 号	定 额 名 称	工 程 量
01-4-1-4	实心砖墙 空心灰砂砖(DM5 干粉砂浆砌筑)(换)(系数)	9.35 m³

定额说明:定额项目 01-4-1-4 原本为实心砖墙蒸压灰砂砖 1 砖(240 mm),而本工程中使用的是空心灰砂砖,故在使用本定额项目时,应注意定额消耗量的换算与调整,另外因为本工程项目为框架结构,故墙体均为嵌砌墙,根据定额说明在进行计价时应将定额含量中的"砌筑工"乘以系数 1.22。

以 1-3/C 轴这段墙体为例,计算过程如表 6-6 所示。

表 6-6 计算过程 3

构 件	位 置	规 格	计 算 表 达 式	结 果
墙体	1-3/C	H	3.6	3.6 m
		b	0.24	0.24 m
	1-3/C	$L_{净长}$	6+6-0.35×2	11.3 m
		V	0.24×11.3×3.6	9.763 m³
扣洞口	M-2	V	0.9×2.1×0.24	0.454 m³
扣 QL		V	0.24×0.24×11.3	0.651 m³
扣 GL		V	0.24×0.12×(0.9+0.5)	0.04 m³
墙体	合计	V	9.763-0.454-0.651-0.04	8.62 m³

根据上述计算,列定额项目如表 6-7 所示。

表 6-7 定额项目 3

定 额 编 号	定 额 名 称	工 程 量
01-4-1-4	实心砖墙 空心灰砂砖(DM5 干粉砂浆砌筑)(换)(系数)	8.62 m³

定额说明:定额项目 01-4-1-4 原本为实心砖墙蒸压灰砂砖 1 砖(240 mm),而本工程中使用的是空心灰砂砖,故在使用本定额项目时,应注意定额消耗量的换算与调整,另外因为本工程项目为框架结构,故墙体均为嵌砌墙,根据定额说明在进行计价时应将定额含量中的"砌筑工"乘以系数 1.22,由此可以看出本 1-3/C 段墙体与 1-3/E 段墙体的定额完全相同,且根据定额说明"砖砌体和砌块砌体不分内、外墙,均执行对应规格砖及砌块的相应定额子目",故可以将 1-3/C 段墙体与 1-3/E 段墙体的工程量合并,共同套用同一条定额项目,且对于定额项目消耗量的调整以及系数的调整完全相同。另外因为定额中规定"内墙砌筑高度超过 3.6 m 时,其超过部分应按相应定额子目人工乘以系数 1.3",因此上述计算中对于 1-3/C 段墙体的计算只计算了砌筑高度 3.6 m 以下的部分,对于砌筑高度超过 3.6 m 的部分应当另行计算。其计算过程如表 6-8 所示。

表 6-8 计算过程 4

构 件	位 置	规 格	计算表达式	结 果
墙体	1-3/C	H	0.05+4.8−0.35−3.6	0.9 m
		b	0.24	0.24 m
	1-3/C	$L_{净长}$	6+6−0.35×2	11.3 m
墙体	合计	V	0.24×11.3×0.9	2.441 m³

根据上述计算,列定额项目如表 6-9 所示。

表 6-9 定额项目 4

定 额 编 号	定 额 名 称	工 程 量
01-4-1-4	实心砖墙 空心灰砂砖(DM5 干粉砂浆砌筑)(换)(系数)	2.441 m³

定额说明:本定额项目不能与上面计算的其他两个工程量合并,因为本定额中除了要对砌块的规格进行调整换算,以及嵌砌墙的"砌筑工"乘以系数 1.22 以外,还需要根据定额说明"内墙砌筑高度超过 3.6 m 时,其超过部分应按相应定额子目人工乘以系数 1.3",故本定额项目应单独列项,不可以与上述两项工程量合并。

⑥ 围墙:高度算至压顶上表面(如有混凝土压顶时算至压顶下表面),围墙柱并入围墙体积内。

⑦ 空花墙:按设计图示尺寸以空花部分外形体积计算,不扣除孔洞部分体积。若有实砌墙连接,实体部分套用相应墙体定额子目。空花墙如图 6-9 所示。

⑧ 砖柱不分柱身和柱基,按设计图示尺寸以体积合并计算,扣除混凝土及钢筋混凝土梁垫、梁头、板头所占体积。

⑨ 砖砌检查井、阀井、地沟、明沟均按设计图示尺寸以体积计算。

⑩ 零星砌体、毛石砌挡土墙按设计图示尺寸以体积计算。

例 6-2 如图 6-10 所示石挡土墙高度为 3000 mm,每面墙长各为 1 m,墙厚度为 250 mm。试计算挡土墙工程量。

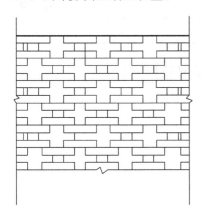

图 6-9 空花墙

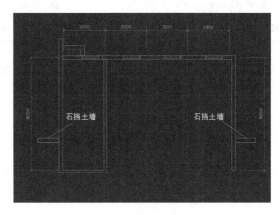

图 6-10 石挡土墙平面图

【解】 挡土墙体积 $V=$ 墙长×厚度×高度×2＝$1×0.25×3×2$ m³＝1.5 m³

(4) 其他墙体。

① 高强石膏空心板墙,按设计图示尺寸以体积计算。应扣除门窗、洞口及单个面积＞0.3 m² 的孔洞所占的体积。

② GRC 轻质墙,按设计图示尺寸分不同厚度以面积计算。应扣除门窗、洞口及单个面积＞0.3 m² 的孔洞所占的面积。

③ 轻集料混凝土多孔板墙,按设计图示尺寸以面积计算。应扣除门窗、洞口及单个面积＞0.3 m² 的孔洞所占的面积。

(5) 垫层。

① 基础垫层,按设计图示尺寸以体积计算。

② 地面垫层,按室内主墙间净面积乘以设计厚度以体积计算。应扣除凸出地面的构筑物、设备基础、地沟等所占体积,不扣除柱、垛、间壁墙、附墙烟囱及单个面积≤0.3 m² 的孔洞所占体积。

例 6-3 根据例 6-1 所示图形,假设室内地面均铺设 80 mm 厚碎石垫层干铺有砂,试计算室内垫层工程量。

【解】 计算过程如表 6-10 所示。

表 6-10 例 6-3 计算过程

构件	位 置	规 格	计算表达式	结 果
垫层	1-2/C-E	S	$(6+0.35×0.5-0.24-0.12)×(8+0.35×0.5-0.24-0.12)$	45.444 m²
	2-3/C-E	S	$(6+0.35×0.5-0.24-0.12)×(8+0.35×0.5-0.24-0.12)$	45.444 m²
	3-4/B-D	S	$(6-0.35×0.5+0.35×0.5-0.24)×(8+0.35×0.5-0.24-0.12)$	45.014 m²
	1-2/A-C	S	$(6+0.35×0.5-0.24-0.12)×(8+0.35×0.5-0.24-0.12)$	45.444 m²
	2-3/A-C	S	$(6+0.35×0.5-0.24-0.12)×(8+0.35×0.5-0.24-0.12)$	45.444 m²
	3-4/A-B	S	$(6-0.35×0.5+0.35×0.5-0.24)×(4-0.12+0.35×0.5-0.24)$	21.974 m²
		$\sum S$	$45.444+45.444+45.014+45.444+45.444+21.974$	248.764 m²
垫层	合计	V	$248.764×0.08$	19.90 m³

根据上述计算，列定额项目如表 6-11 所示。

表 6-11 例 6-3 定额项目

定 额 编 号	定 额 名 称	工 程 量
01-4-4-4	碎石垫层干铺有砂	19.90 m³

应特别注意本章垫层定额项目适用于基础、楼地面等非混凝土垫层。

学习情境 7

混凝土及钢筋混凝土工程

任务 1 定额项目设置及相关知识

本章定额共包括 12 节 147 个子目,定额项目组成见图 7-1。

现浇混凝土
项目划分
- 现浇混凝土基础:垫层、带形基础、独立基础、杯形基础、满堂基础、地下室底板、桩承台基础、设备基础
- 现浇混凝土柱:矩形柱、构造柱、异形柱、圆形柱
- 现浇混凝土梁:基础梁、矩形梁、异形梁、圈梁、过梁、弧形梁、拱形梁
- 现浇混凝土墙:直形墙、电梯井墙、弧形墙、短肢剪力墙、地下室墙、挡土墙
- 现浇混凝土板:有梁板、无梁板、平板、弧形板、拱形板、薄壳板、栏板、天沟、挑檐板、雨篷、悬挑板、阳台、空心板
- 现浇混凝土楼梯:直行楼梯、弧形楼梯
- 现浇混凝土其他构件:散水、坡道、室外地坪(100 mm 厚)、电缆沟、地沟底、地沟壁、地沟顶板、台阶、扶手、压顶、检查井底、检查井壁、检查井顶板、明沟、零星构件
- 后浇带

图 7-1 现浇混凝土工程项目组成

任务 2 现浇混凝土基础

1.定额说明

(1)现浇混凝土分为泵送预拌混凝土和非泵送预拌混凝土。泵送预拌混凝土定额不包括泵送费用(泵管、输送泵车、输送泵);泵送费用按"措施项目"相应定额执行。

(2)定额内的泵送预拌混凝土子目,如采用非泵送预拌混凝土者,按相应泵送预拌混凝土子目人工乘以系数 1.18,机械乘以系数 1.25。

(3)型钢组合混凝土构件,按相应定额的人工、机械乘以系数 1.2。

(4)大体积混凝土(指基础底板厚度大于 1 m 的地下室底板或满堂基础等)养护期保温按相应定额子目增加其他人工 0.01 工日,草袋增加 0.469 m²。大体积混凝土测温费另计。

2. 工程量计算规则及实例解析

1)混凝土工程量

混凝土工程量除另有规定者外,均按设计图示尺寸以体积计算。不扣除构件内钢筋、预埋铁件、预埋螺栓及墙、板中单个面积≤0.3 m² 的孔洞所占体积。型钢组合混凝土构件中的型钢骨架所占体积按(密度)7850 kg/m³ 扣除。

2)垫层

垫层按设计图示尺寸以体积计算。

(1)基础垫层。

基础垫层不扣除伸入承台基础的桩头所占体积。满堂基础局部加深,其加深部分按图示尺寸以体积计算,并入垫层工程量内。

(2)地面垫层。

地面垫层按室内墙间净面积乘以设计厚度以体积计算。应扣除凸出地面的构筑物、设备基础、地沟等所占体积,不扣除柱、垛、间壁墙、附墙烟囱及面积≤0.3 m² 的孔洞所占体积。

3)基础

基础按设计图示尺寸以体积计算,不扣除伸入承台基础的桩头所占体积。

(1)带形基础。

带形基础不分有梁式与无梁式均按带形基础子目计算,有梁式带形基础,梁高(指基础扩大顶面至梁顶面的高)≤1.2 m 时,合并计算;梁高>1.2 m 时,扩大顶面以下的基础部分,按带形基础子目计算,扩大顶面以上部分,按混凝土墙子目计算。内墙基础计算长度示意图如图 7-2 所示。

带形基础分为素砼和钢砼,其中钢砼又分为无梁式和有梁式。

计算公式为

$$V = S \times L + V_{搭}$$

其中：$S = \begin{cases} S_{矩形} \\ S_{梯形} + S_{矩形} \end{cases}$

$L = \begin{cases} L_{外中} \\ L_{内净} = L_{内中} - 基础下宽 \end{cases}$

(2)T 形接头。

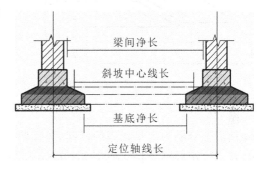

图 7-2　内墙基础计算长度示意图

根据 T 形接头处,搭接两个截面的形式不同,$V_{搭}$ 有可能为以下几种形式。

① 如图 7-3 所示,当 T 形接头为两个等面积的无梁式钢砼带基时,当两个梯形截面相交时,才会出现楔形体。

$$V_{搭} = \frac{bh}{6}(a_2 + 2a_1)$$

② 如图 7-4 所示,当 T 形接头为两个等面积的有梁式钢砼带基时：

$$V_{搭} = \frac{bh_2}{6}(a_2 + 2a_1) + bh_1a_1$$

③ 当 T 形接头为素砼带基和无梁式钢砼带基时：

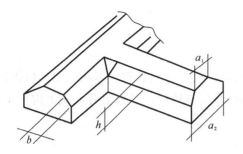
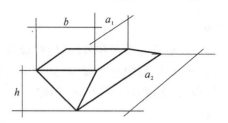

图 7-3　搭接楔形体示意图

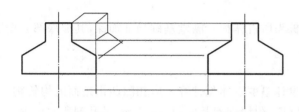
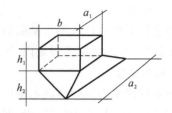

图 7-4　搭接楔形体＋立方体示意图

$$V_{搭} = \frac{1}{2}bha$$

除上述三种常见的搭接体形以外,还可能出现如图 7-5 和图 7-6 所示的搭接体形。

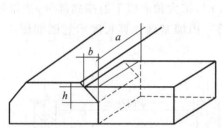
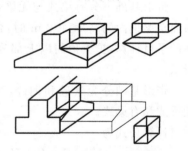

图 7-5　搭接三角体示意图　　　　　　图 7-6　常见的搭接体形

例 7-1　某矩形建筑物如图 7-7 所示,外墙中心轴线为 10 m×6 m,6 m 长的内墙中心线把房子分隔为大小相等的两间,内外墙基下,有总高度为 600 mm 的无梁式钢砼带基,带基上口宽 350 mm 下口扩大面宽 600 mm,高 400 mm。则该带基混凝土工程量为多少?

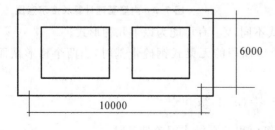
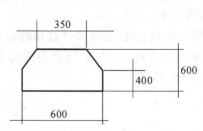

图 7-7　某矩形建筑物

【解】
$$L_{外中} = [(10+6)\times 2]\,m = 32\,m$$
$$L_{内净} = (6-0.6)\,m = 5.4\,m$$

$$S=[(0.35+0.6)\times 0.2/2+0.4\times 0.6]\ \text{m}^2=0.335\ \text{m}^2$$

$$b=[(0.6-0.35)/2]\ \text{m}=0.125\ \text{m}$$

$$V_{\text{搭}}=\frac{bh}{6}(a_2+2a_1)=\left[\frac{0.125\times 0.2}{6}\times(0.6+2\times 0.35)\right]\ \text{m}^3=0.00542\ \text{m}^3$$

$$V=[0.335\times(32+5.4)+0.00542\times 2]\ \text{m}^3=12.54\ \text{m}^3$$

例 7-2 如图 7-8 所示某房屋基础平面图及剖面图,试计算带基混凝土工程量。

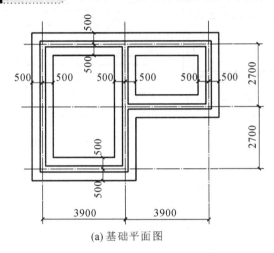 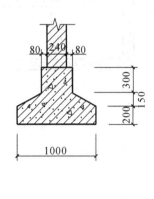

(a) 基础平面图　　　　　　　　　　　　(b) 基础剖面图

图 7-8　某房屋基础平面图及剖面图

【解】
$$V=S\times L+V_{\text{搭}}$$

$$S=S_{\text{矩}1}+S_{\text{梯}}+S_{\text{矩}2}=\left[1\times 0.2+\frac{1}{2}\times(0.08\times 2+0.24+1)\times 0.15\right.$$

$$\left.+(0.08+0.24+0.08)\times 0.3\right]\ \text{m}^2=0.425\ \text{m}^2$$

$$L_{\text{外中}}=[(3.9\times 2+2.7\times 2)\times 2]\ \text{m}=26.4\ \text{m}$$

$$L_{\text{内净}}=L_{\text{内中}}-\text{基础底宽}=(2.7-0.5\times 2)\ \text{m}=1.7\ \text{m}$$

$$V_{\text{搭}}=\frac{bh_2}{6}(a_2+2a_1)+bh_1a_1=\left[\frac{0.3\times 0.15}{6}\times(1+2\times 0.4)+0.3\times 0.3\times 0.4\right]\ \text{m}^3$$

$$=0.0495\ \text{m}^3$$

$$V=0.425\times(26.4+1.7)+0.0495\times 2=12.0415\ \text{m}^3$$

【解析】 从图 7-8 可知,内墙下基础长度为 $2.7-0.5\times 2$，$b=[(1-0.08\times 2-0.24)/2]\ \text{m}$ $=0.3\ \text{m}$，$a_1=(0.08\times 2+0.24)\ \text{m}=0.4\ \text{m}$，$a_2$ 为基础下宽 $1\ \text{m}$，h_2 为楔形体高 $0.15\ \text{m}$，h_1 为矩形体高 $0.3\ \text{m}$。

例 7-3 某建筑物基础平面图及剖面图如图 7-9 和图 7-10 所示,试计算带基及垫层混凝土工程量。

【解】 (1) 垫层混凝土工程量。

$$L_{\text{外中}}=[(36+11.7)\times 2]\ \text{m}=95.4\ \text{m}$$

$$L_{\text{垫层内净}}=[(36-1.4)\times 2+(5.1-1.4)\times 2+(4.5-1.4)\times 2]\ \text{m}=82.8\ \text{m}$$

$$V_{\text{垫层砼}}=[1.4\times 0.1\times(82.8+95.4)]\ \text{m}^3=24.95\ \text{m}^3$$

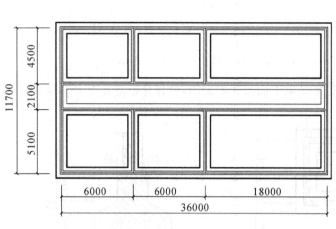

图 7-9　基础平面图

图 7-10　1—1 剖面图

（2）基础主体混凝土工程量。

$$L_{外中} = 95.4 \text{ m}$$

$$L_{基础内净} = [(36-1.2)\times 2 + (5.1-1.2)\times 2 + (4.5-1.2)\times 2] \text{ m} = 84 \text{ m}$$

$$S = [0.35\times 1.2 + (0.5+1.2)\times 0.2/2] \text{ m}^3 = 0.59 \text{ m}^2$$

$$b = [(1.2-0.5)/2] \text{ m} = 0.35 \text{ m}$$

$$V_{搭} = [0.35\times 0.2\times 12\times (2\times 0.5+1.2)/6] \text{ m}^3 = 0.308 \text{ m}^3$$

$$V_{基础砼} = [0.59\times (95.4+84) + 0.308] \text{ m}^3 = 106.15 \text{ m}^3$$

（3）杯形基础工程量。

① 如图 7-11 所示，独立基础混凝土体积计算公式：

$$V = V_{下立方} + V_{上棱台}$$

$$V_{棱台} = \frac{h[AB + ab + (A+a)(B+b)]}{6}$$

如图 7-12 所示，当棱台边长相等时：

$$V_{棱台} = \frac{h[A^2 + a^2 + (A+a)^2]}{3}$$

② 如图 7-13 所示，杯形基础混凝土体积计算公式：

$$V = V_{\text{I}} + V_{\text{II}} + V_{\text{III}} - V_{\text{IV}}$$

杯形基础应扣除杯口所占的体积。

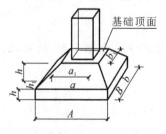

图 7-11　独立基础

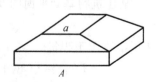

图 7-12　等边独立基础

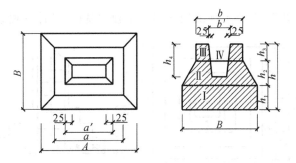

图 7-13　杯形基础示意图

底部立方体体积：

$$V_{\text{I}} = A \times B \times h_1$$

中部棱台体体积：

$$V_{\text{II}} = \frac{1}{3} \times h_2 \times (AB + ab + \sqrt{AB \times ab})$$

上部立方体体积：

$$V_{\text{III}} = a \times b \times h_3$$

杯口虚空体积：

$$V_{\text{IV}} = S_{\text{杯口}} \times h_4$$

式中：A、B——杯形基础中棱台体下底长（m）；

a、b——杯形基础中棱台体上底长（m）；

$S_{\text{杯口}}$——杯形基础上口与下底的平均面积（m²），按杯口的尺寸，一般比杯底两边各大 50 mm，因此杯口与杯底的平均面积可按下式计算：

$$S_{\text{杯口}} = (\text{杯口长} - 25 \text{ mm}) \times (\text{杯口宽} - 25 \text{ mm})$$

h_1——杯形基础底部立方体高度（m）；

h_2——杯形基础中部棱台体高度（m）；

h_3——杯形基础上部立方体高度（m）；

h_4——杯口虚空体深度（m）。

例 7-4　　如图 7-14 所示，试计算独立基础混凝土工程量。

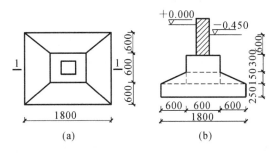

图 7-14　独立基础平面图及剖面图 1-1

【解】　$V = \left\{ 1.8 \times 1.8 \times 0.25 + \dfrac{0.15}{6} \times \left[0.6^2 + (0.6 + 1.8)^2 + 1.8^2 \right] + 0.6 \times 0.6 \times 0.3 \right\} \text{m}^3$

$= 1.152 \text{ m}^3$

例 7-5　如图 7-15 所示现浇钢筋混凝土独立基础,试计算独立基础混凝土工程量。

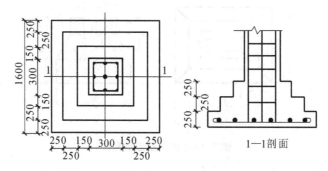

图 7-15　钢筋混凝土独立基础平面图及剖面图

【解】　$V = (1.6^2 \times 0.25 + 1.1^2 \times 0.25 + 0.6^2 \times 0.25)\ \text{m}^3 = 1.0325\ \text{m}^3$

(3)设备基础除块体以外,其他如框架设备基础分别按基础、梁、柱、板、墙等有关规定计算。以满堂基础为例,如图 7-16 所示,其计算公式:

$$V = V_{\text{基础底板}} + V_{\text{梁}}(\text{有梁式满堂基础})$$

$$V = V_{\text{基础底板}} + V_{\text{柱墩}}(\text{无梁式满堂基础})$$

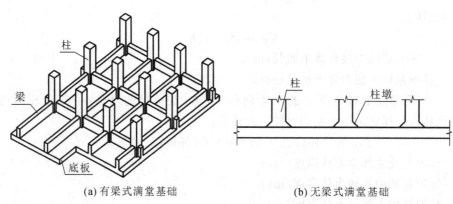

(a)有梁式满堂基础　　　　　　　　(b)无梁式满堂基础

图 7-16　满堂基础示意图

例 7-6　如图 7-17(a)、(b)所示,现浇有梁式满堂基础,基础底板厚 300 mm,梁断面为 240 mm×550 mm,试计算该满堂基础的混凝土工程量。

【解】　有梁式满堂基础混凝土工程量:

$$V_{\text{底板}} = 33.5 \times 10 \times 0.3\ \text{m}^3 = 100.5\ \text{m}^3$$

$$S_{\text{梁}} = [0.24 \times (0.55 - 0.3)]\ \text{m}^2 = 0.06\ \text{m}^2$$

$$L_{\text{梁}} = [(31.5 + 8) \times 2 + (31.5 - 0.24) + (2 - 0.24) \times 8 + (6 - 0.24) \times 8]\ \text{m}$$
$$= 170.42\ \text{m}$$

$$V_{\text{梁}} = 0.06 \times 170.42\ \text{m}^3 = 10.2252\ \text{m}^3$$

$$V = (100.5 + 10.2252)\ \text{m}^3 = 110.7252\ \text{m}^3$$

【解析】　梁高含板厚,故 $S_{\text{梁}} = [0.24 \times (0.55 - 0.3)]\ \text{m}^2 = 0.06\ \text{m}^2$。

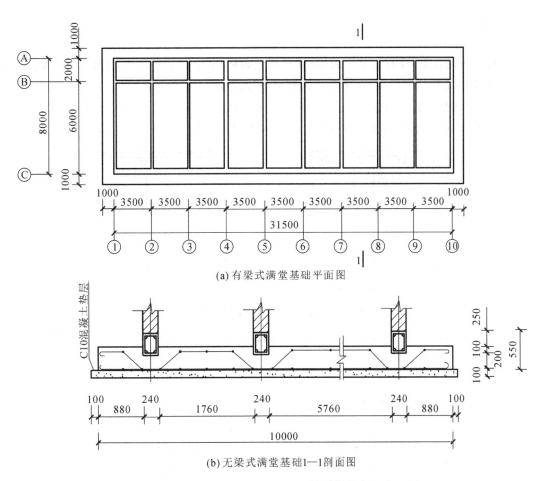

(a) 有梁式满堂基础平面图

(b) 无梁式满堂基础1—1剖面图

图 7-17 有梁式满堂基础平面图及剖面图

任务 3 现浇混凝土柱

1. 定额说明

（1）独立现浇门框按构造柱定额子目执行。

（2）空心砌块内灌注混凝土，按实际灌注混凝土体积计算，按构造柱子目执行。

（3）凸出混凝土柱、梁的线条，并入相应柱、梁构件内；凸出混凝土外墙面、阳台梁、栏板外侧 ≤300 mm 的装饰线条，执行扶手、压顶子目；凸出混凝土墙面、梁外侧>300 mm 的板，按伸出部分的梁、板体积合并计算，执行悬挑板子目。

2. 工程量计算规则及实例解析

柱按设计图示尺寸以体积 V 计算。

计算公式：

$$V = S_{断面} \times H$$

（1）有梁板的柱高，应自柱基上表面（或楼板上表面）至上一层楼板上表面之间的高度计算。有梁板指的是现浇密肋板、井字梁板。有梁板柱高如图 7-18 所示。

（2）无梁板的柱高，应自柱基上表面（或楼板上表面）至柱帽下表面之间的高度计算。

无梁板指的是没有梁，直接支撑在柱上的板。无梁板柱高如图 7-19 所示。

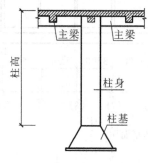 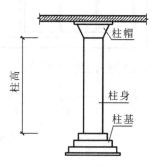

图 7-18　有梁板柱高示意图　　　　图 7-19　无梁板柱高示意图

（3）框架柱的柱高，应自柱基上表面至柱顶面高度计算。框架柱柱高如图 7-20 所示。

（4）构造柱按净高计算，嵌入墙体部分（马牙槎）的体积并入柱身工程量内。构造柱柱高如图 7-21 所示。

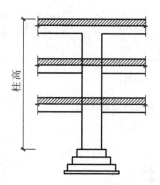 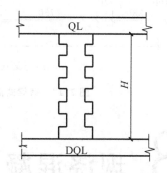

图 7-20　框架柱柱高示意图　　　　图 7-21　构造柱柱高示意图

计算公式：

$$V_{GZ} = S \times h + V_{马牙槎}$$

以图 7-22(c)所示 T 字形马牙槎构造柱为例：

$$V_{GZ} = h \times \left[d_1 \times d_2 + \frac{0.06}{2}(n_1 d_1 + n_2 d_2) \right]$$

（5）依附柱上的牛腿等并入柱身体积内计算。如图 7-23 所示。牛腿柱一般用于有吊车的工业厂房，牛腿平台上安设吊车轨道。

例 7-7　如图 7-24 所示，某现浇混凝土框架柱，图中现浇混凝土板厚 100 mm，试计算其混凝土工程量。

【解】　$V_Z = S \times H = 0.4 \times 0.4 \times (4.8 + 3.4 + 0.1)$ m³ $= 0.16 \times 8.3$ m³ $= 1.328$ m³

【解析】　框架柱的柱高，应自柱基上表面至柱顶面高度计算。

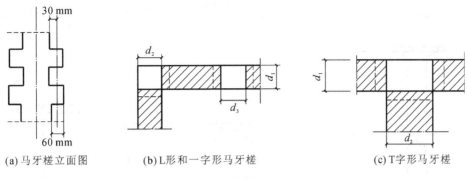

(a) 马牙槎立面图　　　(b)L形和一字形马牙槎　　　(c)T字形马牙槎

图 7-22　构造柱马牙槎示意图

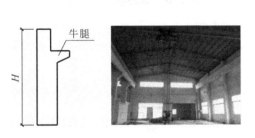

图 7-23　牛腿柱示意图

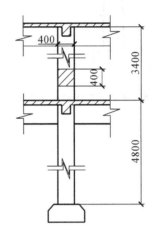

图 7-24　某框架柱

例 7-8　　如图 7-25 所示,现浇混凝土独立柱,试计算其混凝土工程量。

【解】　柱混凝土

$$V_Z = S \times H = \pi \times 0.2^2 \times 3.6 \text{ m}^2 = 0.452 \text{ m}^3$$

【解析】　无梁板的柱高,应自柱基上表面(或楼板上表面)至柱帽下表面之间的高度计算。

例 7-9　　如图 7-26 所示为某砖混结构平面图及构造柱立面图,试计算构造柱的混凝土工程量。

【解】　$V_{GZ} = h \times \left[d_1 \times d_2 + \dfrac{0.06}{2}(n_1 d_1 + n_2 d_2) \right]$

$$= (9+0.3) \times \left(0.3 \times 0.3 + \frac{0.06}{2} \times 0.3 \times 2 \right) \times 8 \text{ m}^3 = 1.0044 \times 8 \text{ m}^3 = 8.0352 \text{ m}^3$$

【解析】　平面图中的 L 形构造柱,共 8 根,$d_1 = d_2 = 0.3$ m,$n_1 = n_2 = 1$。

例 7-10　　如图 7-27 所示现浇混凝土构造柱,图中现浇混凝土板厚 100 mm,试计算其混凝土工程量。

【解】　构造柱混凝土:

$$V_{GZ} = h \times \left[d_1 \times d_2 + \frac{0.06}{2}(n_1 d_1 + n_2 d_2) \right]$$

$$=(0.24+9.6-0.1)\times\left[0.365\times0.24+\frac{0.06}{2}\times(0.365+2\times0.24)\right]m^3=1.1001\ m^3$$

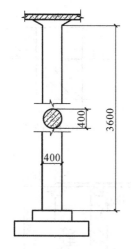

图 7-25 独立柱立面图及断面图

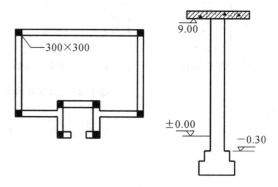

图 7-26 现浇钢筋混凝土构造柱

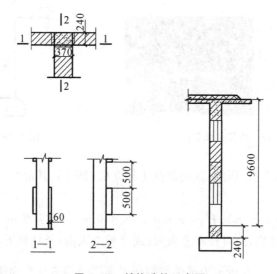

图 7-27 某构造柱示意图

任务 4 现浇混凝土梁

1.定额说明

与主体结构不同时浇捣的厨房、卫生间等处墙体下部的现浇混凝土翻边,按圈梁定额子目执行。

2. 工程量计算规则及实例解析

梁按设计图示尺寸以体积计算,伸入砌体内的梁头、梁垫并入梁体积内计算。

计算公式:

$$V = S \times L + 梁头处加掭梁垫体积$$

式中:S——$S = b \times h$;

$\quad b$——梁宽;

$\quad h$——梁高,一般指从梁底到现浇板顶的高度。计算时,单梁高度按设计图示高选取;

如图 7-28 所示,梁与板相连接时,梁的高度算至现浇板板底。

梁长 L 的规定如下。

(1) 梁与柱连接时,梁长算至柱侧面。如图 7-29(a)所示。

(2) 主梁与次梁连接时,次梁长算至主梁侧面(截面小的梁长算至截面大的梁侧面)。

如图 7-29(b)所示。

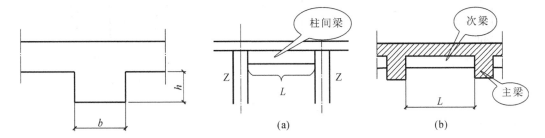

图 7-28　梁与板相连接的梁高示意图　　　图 7-29　梁长示意图

(3) 弧形梁不分曲率大小,断面不分形状,按梁中心部分的弧长计算。

(4) 圈梁的长度,外墙按中心线($L_{外中}$),内墙按净长线计算($L_{内净}$)。圈梁高示意图如图 7-30 所示。

圈梁适用于为了加强结构整体性,构造上要求设置的封闭的水平的梁。

(5) 过梁长示意图如图 7-31 所示。圈梁与过梁连接时,过梁长度按门、窗洞口宽度两端共加 500 mm 计算。如图 7-32 所示。

过梁适用于建筑物门窗洞口上所设置的梁。

计算公式:

$$V_{GL} = S \times (门窗洞口宽 + 0.5 \text{ m})$$

图 7-33 所示为圈梁兼过梁构造图。

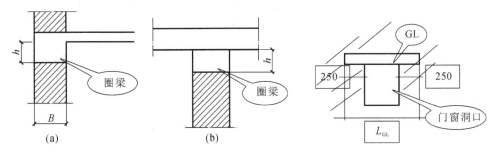

图 7-30　圈梁高示意图　　　　　图 7-31　过梁长示意图

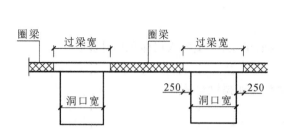

图 7-32 圈梁与过梁连接示意图

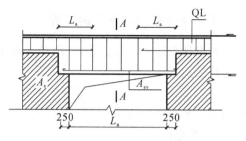

图 7-33 圈梁兼过梁构造图

例 7-11 如图 7-34 所示为某十字形梁,试计算该梁的混凝土工程量。

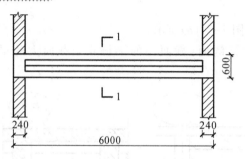

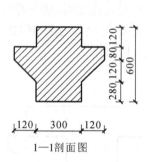

1—1剖面图

图 7-34 十字形梁

【解】
$$V = S \times L$$
$$S_1 = 0.3 \times 0.6 \text{ m}^2 = 0.18 \text{ m}^2$$
$$L_1 = 6 \text{ m}$$
$$S_2 = \frac{1}{2} \times (0.08 + 0.2) \times 0.12 \times 2 \text{ m}^2 = 0.0336 \text{ m}^2$$
$$L_2 = (6 - 0.24 \times 2) \text{ m} = 5.52 \text{ m}$$
$$V = (0.18 \times 6 + 0.0336 \times 5.52) \text{ m}^3 = 1.265 \text{ m}^3$$

【解析】 图 7-34 中,十字形梁中间矩形部分伸入两侧砖墙内,两侧梯形部分仅至墙侧。

例 7-12 如图 7-35 所示,某悬挑梁,试计算其混凝土工程量。

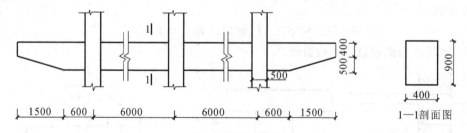

1—1剖面图

图 7-35 悬挑梁

【解】
$$V = S \times L$$
$$S_1 = 0.4 \times 0.9 \text{ m}^2 = 0.36 \text{ m}^2$$
$$L_1 = (6 \times 2 + 0.6 \times 2 - 3 \times 0.5) \text{ m} = 11.7 \text{ m}$$
$$V_1 = 0.36 \times 11.7 \text{ m}^3 = 4.212 \text{ m}^3$$

$$V_2 = \frac{1}{2} \times (0.4 + 0.9) \times 1.5 \times 0.4 \times 2 \text{ m}^3 = 0.78 \text{ m}^3$$

$$V = (4.212 + 0.78) \text{ m}^3 = 4.992 \text{ m}^3$$

【解析】 图 7-35 所示悬挑梁在计算时分为两部分分别计算。

例 7-13 如图 7-36 所示为某建筑物平面图,试计算圈梁的混凝土工程量。

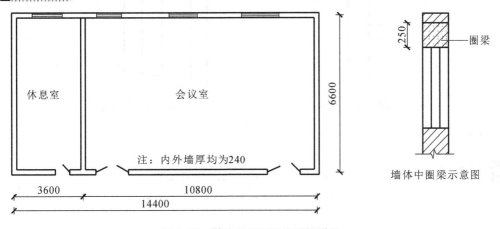

图 7-36 某建筑平面图及圈梁详图

【解】
$$V = S \times L$$

$$S = 0.24 \times 0.25 \text{ m}^2 = 0.06 \text{ m}^2$$

$$L = L_{外中} + L_{内净} = \left[(14.4 + 6.6) \times 2 + (6.6 - 0.24) \right] \text{ m} = 48.36 \text{ m}$$

$$V = 0.06 \times 48.36 \text{ m}^3 = 2.902 \text{ m}^3$$

任务 5 现浇混凝土墙

1. 定额说明

短肢剪力墙是指截面厚度≤300 mm、各肢截面高度与厚度之比的最大值大于4但小于等于8的剪力墙,各肢截面高度与厚度之比的最大值小于等于4的剪力墙按相应柱定额计算。短肢剪力墙其形状包括 L 形、Y 形、十字形、T 形等。

短肢剪力墙的截面厚度 $d \leq 300$,各肢截面高度与厚度之比(L/d)的最大值大于4且小于等于8,即 $4 < L/d \leq 8$。

一般剪力墙:$L/d > 8$;柱:$L/d \leq 4$。

2. 工程量计算规则及实例解析

如图 7-37 所示,墙按设计图示尺寸以体积计算,扣除门窗洞口及单个面积>0.3 m² 孔洞所占体积,墙垛(见图 7-38)及凸出部分并入墙体积内计算。

计算公式：

$$V = (L \times h - S_{\text{MCD}}) \times B + V_{柱垛}$$

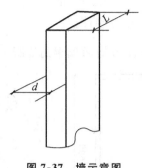

图 7-37　墙示意图

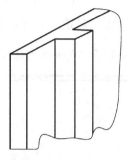

图 7-38　墙垛示意图

对于弧形墙，其 L 取中心线弧长，即 $L = \dfrac{n\pi R}{180}$。

例 7-14　　如图 7-39 所示，试计算现浇混凝土墙的混凝土工程量。

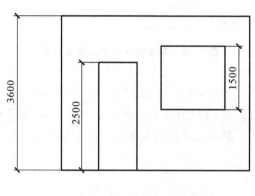

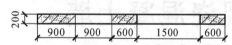

图 7-39　某现浇混凝土墙示意图

【解】　砼 $V = (L \times h - S_{\text{MCD}}) \times B + V_{柱垛}$

$= [(0.9 + 0.9 + 0.6 + 1.5 + 0.6) \times 3.6 - 0.9 \times 2.5 - 1.5 \times 1.5] \times 0.2 \text{ m}^3$

$= (4.5 \times 3.6 - 2.25 - 2.25) \times 0.2 \text{ m}^3 = 2.34 \text{ m}^3$

任务 6　现浇混凝土板

1. 定额说明

（1）压型钢板上浇捣混凝土板，执行平板定额子目，人工乘以系数 1.1。

（2）挑檐、天沟壁、雨篷翻口壁高度超过 400 mm 时，按全高执行栏板子目。

2. 工程量计算规则及实例解析

板按设计图示尺寸以体积计算，不扣除单个面积≤0.3 m^2 的柱、垛及孔洞所占体积。

1）有梁板

有梁板包括主、次梁与板，按梁、板体积之和计算。如图 7-40、图 7-41 所示。

 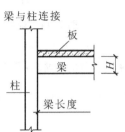 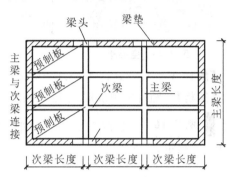

图 7-40 有梁板示意图

2）无梁板

无梁板按板和柱帽体积之和计算。如图 7-42 所示。

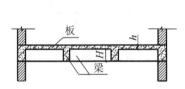

图 7-41 有梁板   图 7-42 无梁板

计算公式：

$$V = S_{板} \times d_{板厚} + V_{板下}$$

有梁板：

$$V = V_{板} + V_{主梁} + V_{次梁}$$

无梁板：

$$V = V_{板} + V_{柱帽}$$

实际计算时可用：

$$V = (S_{板} - S_{楼梯洞口}) \times d_{板厚} + V_{梁/柱帽} - V_{柱（垛）}$$

注意事项：① 有多种板连接时，以墙中心线为界。

② 套平板定额：现浇框架外挑出的平板、室外走廊楼板、无悬臂梁的平板；套有梁板定额：有悬臂梁的板。

③ 伸入砖墙内的板头体积应并入板内计算。

3）空心板

空心板按设计图示尺寸以体积（扣除空心部分）计算。如图 7-43 所示。

计算公式：

$$V = S_{板} \times d_{板厚} - V_{空心}$$

例 7-15 如图 7-44 所示，试计算现浇混凝土平板的混凝土工程量。

图 7-43 空心板

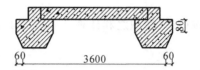
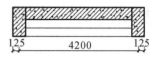

图 7-44 现浇混凝土平板

【解】 $V = S_{板} \times d_{板厚} = (3.6 - 0.06 \times 2) \times (4.2 + 0.125 \times 2) \times 0.08$ m³ $= 1.24$ m³

【解析】 题目中现浇混凝土平板由两张剖面图组成，分别为 X 方向和 Y 方向。

例 7-16 如图 7-45 所示，图中 KZ 为 400 mm $\times 400$ mm，试计算现浇混凝土有梁板的混凝土工程量。

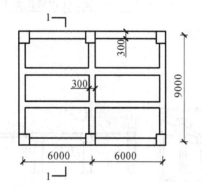
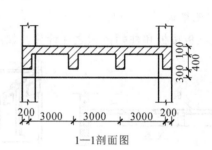

1—1剖面图

图 7-45 现浇混凝土有梁板

【解】 $V = V_{板} + V_{主梁} + V_{次梁}$

$V_{板} = (6 \times 2 + 0.4) \times (9 + 0.4) \times 0.1$ m³ $= 11.656$ m³

$V_{梁} = \{(0.3 \times 0.7) \times (9 - 0.4) \times 3$

$\qquad + (0.3 \times 0.4) \times [(6 - 0.4) \times 4 + (12 + 0.4 - 0.3 \times 3) \times 2]\}$ m³

$\qquad = (5.418 + 5.448)$ m³ $= 10.866$ m³

$V = (11.656 + 10.866)$ m³ $= 22.522$ m³

【解析】 板按设计图示尺寸以体积计算，不扣除单个面积 $\leqslant 0.3$ m² 的柱、垛及孔洞所占体积。有梁板包括主、次梁与板，按梁、板体积之和计算。图 7-45 中柱截面为 400 mm $\times 400$ mm $= 0.16$ m² 小于 0.3 m²，故不扣除。

例 7-17 如图 7-46 所示，试计算现浇混凝土有梁板的混凝土工程量。

【解】 $$V = V_{板} + V_{梁}$$

$$V_{板} = (3 \times 3 + 0.25) \times (3 \times 2 + 0.25) \times 0.1 \text{ m}^3 = 5.781 \text{ m}^3$$

$$V_{梁} = (0.25 \times 0.3) \times [(3 \times 3 + 3 \times 2) \times 2 + 3 \times 3 - 0.25 + 2.75 \times 4] \text{ m}^3$$

$$= 0.075 \times 49.75 \text{ m}^3 = 3.731 \text{ m}^3$$

$$V = 9.512 \text{ m}^3$$

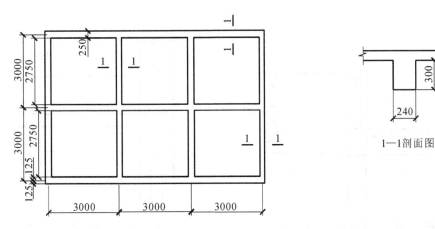

图 7-46　某现浇混凝土有梁板

4）栏板

栏板是一种板状护栏设施，封闭连续，一般用在阳台或屋面女儿墙部位。

计算规则：栏板按设计图示尺寸以体积计算，伸入砌体内的部分并入栏板体积计算。

例 7-18　如图 7-47 所示，试计算现浇混凝土阳台的混凝土工程量。

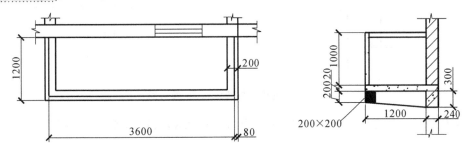

图 7-47　某现浇混凝土阳台示意图

【解】

$$V_{阳台悬挑板}=(3.6+0.08\times2)\times1.2\times0.12 \text{ m}^3=0.541 \text{ m}^3$$
$$V_{栏板}=0.08\times1\times[3.6+0.08+(1.2-0.04)\times2] \text{ m}^3=0.48 \text{ m}^3$$
$$V_{牛腿}=1/2\times(0.2+0.3)\times1.2\times0.2\times2 \text{ m}^3=0.12 \text{ m}^3$$
$$V_{梁}=0.2\times0.2\times(3.6-0.12\times2) \text{ m}^3=0.134 \text{ m}^3$$
$$V=1.275 \text{ m}^3$$

5）挑檐、天沟

挑檐、天沟按设计图示尺寸以墙外部分体积计算。挑檐、天沟板与板（包括屋面板、楼板）连接时，以外墙外边线为分界线；与梁（包括圈梁等）连接时，以梁外边线为分界线。外墙或梁外边线以外为挑檐、天沟。

6）凸阳台、雨篷、悬挑板

凸阳台、雨篷、悬挑板按伸出外墙的梁、板体积合并计算。凹进墙内的阳台，按平板计算。由柱支承的大雨篷，应按柱、板分别以体积计算。即 $V=$ 伸出墙外部分的体积。

栏板、阳台板分界线如图 7-48 所示；雨篷分界线如图 7-49 所示；挑檐分界线如图 7-50 所示。

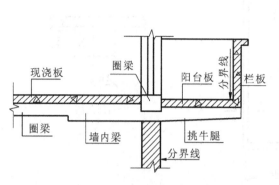

图 7-48　栏板、阳台板分界线示意图

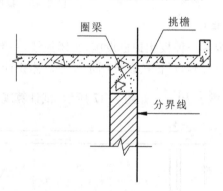

图 7-49　雨篷分界线示意图

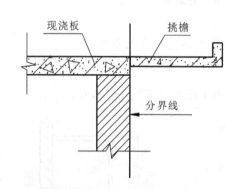

图 7-50　挑檐分界线示意图（天沟同）

例 7-19　某房屋二层结构平面图如图 7-51 所示，试计算各钢筋混凝土构件的混凝土工程量。

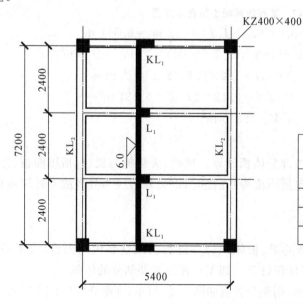

构件尺寸

构件名称	构件尺寸(mm×mm)
KZ	400×400
KL₁	250×500(宽×高)
KL₂	300×650(宽×高)
L₁	250×400(宽×高)

图 7-51　某房屋二层结构平面图

【解】 (1) KZ 的混凝土工程量。
$$V_{KZ} = S \times H \times n = 0.4 \times 0.4 \times (6 - 2.7) \times 4 \ \text{m}^3 = 2.112 \ \text{m}^3$$

(2) KL_1 的混凝土工程量。
$$V_{KL1} = S \times L \times n = 0.25 \times (0.5 - 0.1) \times (5.4 - 0.4) \times 2 \ \text{m}^3 = 1 \ \text{m}^3$$
$$V_{KL2} = S \times L \times n = 0.3 \times (0.65 - 0.1) \times (7.2 - 0.4) \times 2 \ \text{m}^3 = 2.244 \ \text{m}^3$$
$$V_{L1} = S \times L \times n = 0.25 \times (0.4 - 0.1) \times (5.4 + 0.4 - 0.3 \times 2) \times 2 \ \text{m}^3 = 0.78 \ \text{m}^3$$

(3) 板的混凝土工程量。
$$V_{板} = 板长 \times 板宽 \times 板厚 = (5.4 + 0.4) \times (7.2 + 0.4) \times 0.1 \ \text{m}^3 = 4.408 \ \text{m}^3$$

例 7-20 如上例所述,若屋面设置挑檐,构造见图 7-52、图 7-53,试计算挑檐混凝土工程量。

【解】 外墙外边线长:
$$L_{外外} = (5.4 + 0.4 + 7.2 + 0.4) \times 2 \ \text{m} = 26.8 \ \text{m}$$
$$V_{挑檐立板} = S \times L = 0.08 \times 0.5 \times [26.8 + (0.6 - 0.08/2) \times 8] \ \text{m}^3 = 0.04 \times 31.28 \ \text{m}^3$$
$$= 1.251 \ \text{m}^3$$
$$V_{挑檐平板} = S \times L = (0.6 - 0.08) \times 0.1 \times [26.8 + (0.6 - 0.08)/2 \times 8] \ \text{m}^3$$
$$= 0.052 \times 28.88 \ \text{m}^3 = 1.502 \ \text{m}^3$$
$$V_{挑檐} = (1.251 + 1.502) \ \text{m}^3 = 2.753 \ \text{m}^3$$

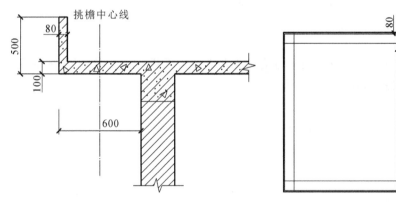

图 7-52 挑檐详图   图 7-53 屋顶平面图

【解析】 挑檐工程量=挑檐断面积×挑檐长度,因长度不同,故将挑檐分为平板及立板两部分,以立板内侧为分界线。

例 7-21 如图 7-54 所示,试计算现浇混凝土雨篷的混凝土工程量。

【解】 雨篷砼:
$$V = \left\{ \frac{1}{2} \times (0.1 + 0.08) \times 1.2 \times 2.56 + 0.08 \times 0.4 \times [2.48 + (1.12 + 0.04) \times 2] \right\} \ \text{m}^3$$
$$= (0.276 + 0.154) \ \text{m}^3 = 0.43 \ \text{m}^3$$

【解析】 图 7-54 中雨篷由雨篷板和反挑檐两个部分组成。

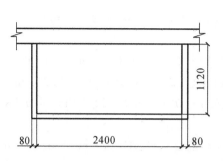
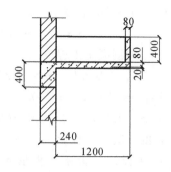

图 7-54　某现浇混凝土雨篷示意图

任务 7 现浇混凝土楼梯

1. 定额说明

楼梯包括休息平台、平台梁、斜梁及楼梯的连接梁。

2. 工程量计算规则及实例解析

楼梯按设计图示尺寸以体积计算。当整体楼梯与现浇楼板无梯梁连接时,以楼梯的最后一个踏步边缘加 300 mm 为界。如图 7-55 所示。

计算公式:

$$V = V_{踏步} + V_{踏步板} + V_{休息平台} + V_{梯梁} + (V_{平台梁} + V_{斜梁})$$

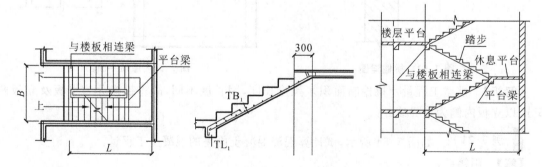

图 7-55　现浇混凝土楼梯示意图

例 7-22　如图 7-56、图 7-57 所示,试计算现浇混凝土楼梯的混凝土工程量。

【解】　楼梯砼 $V = V = V_{踏步} + V_{踏步板} + V_{休息平台} + V_{梯梁} + (V_{平台梁} + V_{斜梁})$

$V_{休息平台} = TB_1 × 3(层数) = 3.4 × (1.22 + 0.2) × 0.08 × 3 = 1.159 \text{ m}^3$

$V_{梯梁} = S × L × 6(根数) = 0.2 × (0.3 - 0.08) × (3.4 + 0.24) × 6 \text{ m}^3$

$= 0.961 \text{ m}^3$

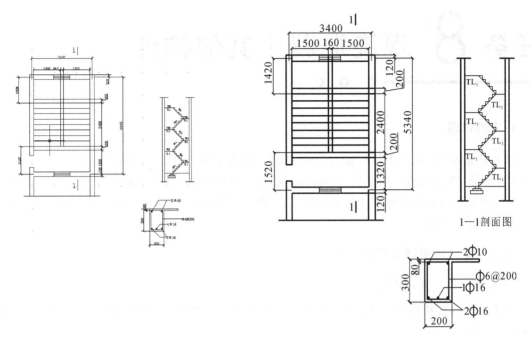

图 7-56　现浇混凝土楼梯示意图（1）

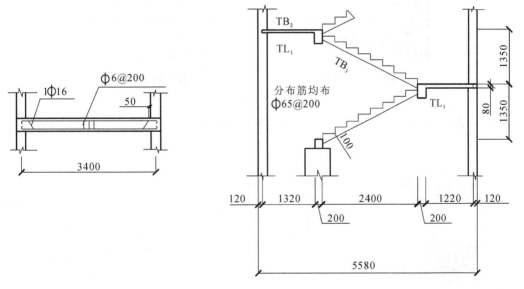

图 7-57　现浇混凝土楼梯示意图（2）

$$V_{踏步板} = 1.5 \times \sqrt{2.4^2 + 1.35^2} \times 0.1 \times 6 \ \text{m}^3 = 1.5 \times 2.754 \times 0.1 \times 6 \ \text{m}^3 = 2.479 \ \text{m}^3$$

$$V_{踏步} = \frac{1}{2} \times 0.3 \times 0.15 \times 1.5 \times 8 \times 6 \ \text{m}^3 = 1.62 \ \text{m}^3$$

$$V = 6.219 \ \text{m}^3$$

任务 8 现浇混凝土其他构件

1. 定额说明

（1）零星构件是指单体体积在 $0.1\ \mathrm{m^3}$ 以内的未列定额子目的小型构件。

（2）散水、坡道混凝土按厚度 60 mm 编制，如设计厚度不同时，可作换算，但人工不作调整。

（3）现浇钢筋混凝土构件未包括预埋铁件、预埋螺栓、支撑钢筋及支撑型钢等，若实际发生按相应定额子目执行。

2. 工程量计算规则及实例解析

1）散水、坡道、室外地坪

散水、坡道、室外地坪按设计图示尺寸以水平投影面积 S 计算，不扣除单个 $\leqslant 0.3\ \mathrm{m^3}$ 孔洞所占面积。如图 7-58、图 7-59 所示。

图 7-58 散水

图 7-59 坡道

2）地沟、电缆沟、扶手、压顶、检查井、零星构件

地沟、电缆沟、扶手、压顶、检查井、零星构件按设计图示尺寸以体积 V 计算。如图 7-60～图 7-62 所示。

图 7-60 地沟

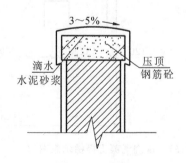

图 7-61 压顶

图 7-62 检查井

3）台阶

台阶按设计图示尺寸以水平投影面积 S 计算。台阶与平台连接时，以最上层踏步外沿加 300 mm 计算。架空式混凝土台阶，按现浇混凝土楼梯计算。如图 7-63 所示。

例 7-23 如图 7-64 所示，试计算台阶、散水的混凝土工程量。

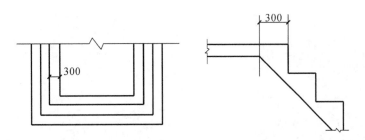

图 7-63 现浇混凝土台阶

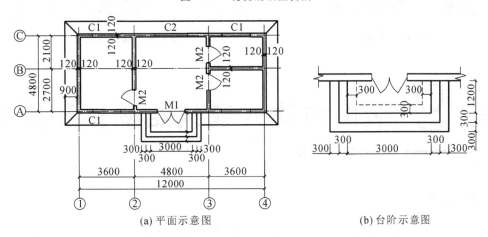

(a) 平面示意图　　　　　　　(b) 台阶示意图

图 7-64 现浇混凝土台阶、散水示意图

【解】 (1) 台阶混凝土工程量：

$S=$水平投影面积$=[(3+0.3\times4)\times(1.2+0.3\times2)-(3-0.3\times2)\times(1.2-0.3)]$ m²

$=(7.56-2.16)$ m²$=5.4$ m²

(2) 散水混凝土工程量：

$S=$水平投影面积$=$散水中心线长度×散水宽度$-$台阶所占面积

$=[(12+0.24+0.9+4.8+0.24+0.9)\times2\times0.9-(3+0.3\times4)\times0.9]$ m²

$=(38.16\times0.9-3.78)$ m²$=30.564$ m²

【解析】 由图 7-64(a)可知，例题中台阶与平台相连，故台阶应算至最上层踏步外沿加 300 mm，如图 7-64(b)所示。

4）明沟

明沟按设计图示尺寸以延长米 L 计算。如图 7-65 所示。

5）后浇带

后浇带是在建筑施工中为防止现浇钢筋混凝土结构由于自身收缩不均或沉降不均可能产生的有害裂缝，按照设计或施工规范要求，在基础底板、墙、梁相应位置留设的临时施工缝。如图 7-66 所示。

后浇带将结构暂时划分为若干部分，经过构件内部收缩，在若干时间后再浇捣该施工缝混凝土，将结构连成整体的地带。

计算规则：后浇带按设计图示尺寸以体积 V 计算。

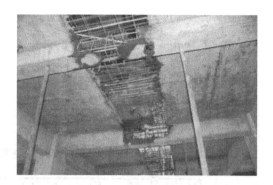

图 7-65　明沟　　　　　　　　　　　　　　图 7-66　板中后浇带

任务 9　装配整体式建筑结构件及其他

1.定额说明

（1）装配整体式建筑结构件安装不分构件外形尺寸、截面类型以及是否带有保温结构，除另有规定者外，均按构件种类套用相应定额。

（2）构件安装定额已包括构件固定所需临时支撑的搭设及拆除，支撑（含支撑用预埋铁件）种类、数量及搭设方式应综合考虑。

（3）预制柱、墙板、女儿墙等构件安装定额中，构件底部坐浆按砌筑砂浆铺筑考虑，遇设计采用灌浆料的，除灌浆材料单价换算以及扣除干混砂浆罐式搅拌机台班外，每 10 m³ 构件安装定额另行增加人工 0.7 工日，其余不变。

（4）外挂墙板、女儿墙构件安装设计要求接缝处填充保温板时，相应保温板消耗量按设计要求增加计算，其余不变。

（5）墙板安装定额不分是否带有门窗洞口，均按相应定额执行。凸（飘）窗安装定额适用于单独预制的凸（飘）窗安装，依附于外墙板制作的凸（飘）窗，并入外墙板内计算，相应定额人工和机械用量乘以系数 1.2。

（6）外挂墙板安装定额已综合考虑了不同的连接方式，以构件类型及厚度不同套用相应定额。

（7）楼梯休息平台安装按平台板结构类型不同，分别套用整体楼板或叠合楼板相应定额，相应定额人工、机械，以及除预制混凝土楼板外的材料用量乘以系数 1.3。

（8）阳台板安装不分板式或梁式，均套用同一定额。空调板安装定额适用于单独预制的空调板安装，依附于阳台板制作的栏板、翻沿、空调板，并入阳台板内计算。非悬挑的阳台板安装，分别按梁、板安装有关规则计算并套用相应定额。

（9）女儿墙安装按构件净高以 0.6 m 以内和 1.4 m 以内分别编制，1.4 m 以上时套用外墙板安装定额。压顶安装定额适用于单独预制的压顶安装，依附于女儿墙制作的压顶，并入女儿墙计算。

（10）套筒注浆不分部位、方向，按锚入套筒内的钢筋直径不同，以 φ18 以内及 φ18 以上分别编制。

（11）外墙嵌缝、打胶定额中注胶缝的断面按 20 mm×15 mm 编制，若设计断面与定额不同时，密封胶用量按比例调整，其余不变。定额中的密封胶按硅酮耐候胶考虑，遇设计采用的种类与定额不同时，应将材料单价进行换算。

（12）后浇混凝土指装配整体式结构中，用于与预制混凝土构件连接形成整体构件的现场浇筑混凝土。

（13）墙板或柱等预制垂直构件之间设计采用现浇混凝土墙连接的，当连接墙的长度在 3 m 以内时，套用后浇混凝土连接墙、柱定额，长度超过 3 m 的，仍按《房建消耗量定额》第五章"混凝土及钢筋混凝土工程"的相应项目及规定执行。

（14）叠合楼板或整体楼板之间设计采用现浇混凝土板带拼缝的，板带混凝土浇捣并入后浇混凝土叠合梁、板内计算。

（15）后浇混凝土钢筋制作、安装定额按钢筋品种、型号、规格结合连接方法及用途划分，相应定额内的钢筋型号以及比例已综合考虑，各类钢筋的制作成型、绑扎、安装、接头、固定以及与预制构件外露钢筋的绑扎、焊接等所用人工、材料、机械消耗已综合考虑在相应定额内。钢筋接头按《房建消耗量定额》第五章"混凝土及钢筋混凝土工程"的相应项目及规定执行。

（16）后浇混凝土模板定额消耗量中已包含了伸出后浇混凝土与预制构件抱合部分模板的用量。

（17）装配整体式建筑工程的外脚手架，按措施项目相应定额子目乘以系数 0.85 计算，垂直运输与建筑物超高增减，按措施项目相应定额子目执行。

2. 工程量计算规则及实例解析

1）预制构件成品（加工厂制作）

（1）预制构件混凝土工程。

① 柱：按设计图示尺寸以体积计算，不扣除构件内钢筋、预埋铁件及单个面积 0.3 m² 以内的孔洞所占体积。

② 梁：按设计图示尺寸以体积计算，不扣除构件内钢筋、预埋铁件所占体积。

③ 墙：按设计图示尺寸以体积计算，不扣除构件内钢筋、预埋铁件所占体积，扣除门窗洞口及单个面积 0.3 m² 以外的孔洞所占体积。

④ 板：按设计图示尺寸以体积计算，不扣除构件内钢筋、预埋铁件及单个面积 0.3 m² 以内的孔洞所占体积。

⑤ 楼梯：按设计图示尺寸以体积计算

⑥ 其他预制构件：按设计图示尺寸以体积计算，不扣除构件内钢筋、预埋铁件及单个面积 0.3 m² 以内的孔洞所占体积。

（2）预埋构件套筒。

按实际用量以数量计算。

（3）预制构件钢筋工程。

预制构件钢筋、钢筋网片、钢筋笼按设计图示钢筋（网）长度乘以单位理论质量计算。构件中固定位置的支撑钢筋、双层钢筋用的"铁马"、伸出构件的锚固钢筋、预制构件的吊钩等应并入钢筋工程量内。钢筋接头如采用绑扎接头的,按设计(或规范)规定计算钢筋绑扎搭接长度的重量,并入相应钢筋重量内;如采用主筋焊接或其他机械方法连接的,另行计算钢筋接头费用并按设计(或规范)规定计算钢筋焊接搭接按长度的重量,并入相应钢筋工程量内,定额未包括钢筋接头费用,可另行计算。

(4)预制构件模板工程。

按照构件尺寸以体积计算,不扣除构件内钢筋、预埋铁件及单个面积 1 m² 以内的孔洞所占体积。

需要说明的是,预制混凝土结构件按工厂制作、现场安装考虑,所以装配整体式混凝土结构件安装均按成品构件的设计图示尺寸以实体体积计算,构件内套筒、钢筋、模具(非模板)及运输并入构件成品单价中考虑,不单独计算工程量。

2)预制构件运输

按照构件体积以运输距离计算。

3)预制构件安装

(1)构件安装工程量按成品构件设计图示尺寸的实体体积以 m³ 计算,依附于构件制作的各类保温层、饰面层的体积并入相应构件安装中计算,不扣除构件内钢筋、预埋铁件、配管、套管、线盒及单个面积≤0.3 m² 的孔洞、线箱等所占体积,构件外露钢筋体积亦不再增加。

(2)套筒注浆按设计数量以个计算。

(3)外墙嵌缝、打胶按构件外墙接缝的设计图示尺寸的长度以 m 计算。

4)后浇混凝土浇捣

(1)后浇混凝土浇捣工程量按设计图示尺寸以实体体积计算,不扣除混凝土内钢筋、预埋铁件及单个面积≤0.3 m² 的孔洞等所占体积。

(2)后浇混凝土钢筋工程量按设计图示钢筋的长度、数量乘以钢筋单位理论质量计算,其中:

① 钢筋接头的数量应按设计图示及规范要求计算;设计图示及规范要求未标明的,Φ10以内的长钢筋按每 12 m 计算一个钢筋接头,Φ10 以上的长钢筋按每 9 m 计算一个钢筋接头。

② 钢筋接头的搭接长度应按设计图示及规范要求计算,如设计要求钢筋接头采用机械连接、电渣压力焊及气压焊时,按数量计算,不再计算该处的钢筋搭接长度。

③ 钢筋工程量应包括双层及多层钢筋的"铁马"数量,不包括预制构件外露钢筋的数量。

(3)后浇混凝土模板工程量按后浇混凝土与模板接触面的面积以 m² 计算,伸出后浇混凝土与预制构件抱合部分的模板面积不增加计算。不扣除后浇混凝土墙、板上单孔面积≤0.3 m² 的孔洞,洞侧壁模板亦不增加;应扣除单孔面积≥0.3 m² 的孔洞,孔洞侧壁模板面积并入相应的墙、板模板工程量内计算。

例 7-24　预制混凝土柱的安装工程量按成品构件柱工程量计算,以构件设计图示尺寸的实体体积以立方米计算,可套用表 7-1 所示的预算定额。

工作内容:支撑杆连接件预埋,结合面清理,构件吊装、就位、校正、垫实、固定,坐浆料铺筑,搭设及拆除钢支撑。

表 7-1　预制混凝土柱安装预算　　　　　　　　　　　　　m³

定额编号				1-1
项目				实心柱
名　称			单　位	消　耗　量
人工	合计工日		工日	9.340
	其中	普工	工日	2.802
		一般技工	工日	5.604
		高级技工	工日	0.934
材料	预制混凝土柱		m³	10.050
	干混砌筑砂浆 DM M20		m³	0.080
	垫铁		kg	7.480
	垫木		m³	0.010
	斜支撑杆件φ48×3.5		套	0.340
	预埋铁件		kg	13.050
	其他材料费		%	0.600
机械	干混砂浆罐式搅拌机		台班	0.008

例 7-25　　预制混凝土梁的安装分预制混凝土单梁、预制混凝土叠合梁两种,梁的安装工程量按成品构件梁工程量计算,以构件设计图示尺寸的实体体积以立方米计算,可套用表 7-2 所示预算定额。

工作内容:结合面清理,构件吊装、就位、校正、垫实、固定,接头钢筋调直,搭设及拆除钢支撑。

表 7-2　预制混凝土梁安装预算　　　　　　　　　　　　　m³

定额编号				1-2	1-3
项目				单梁	叠合梁
名　称			单　位	消　耗　量	
人工	合计工日		工日	12.730	16.530
	其中	普工	工日	3.819	4.959
		一般技工	工日	7.638	9.918
		高级技工	工日	1.273	1.653
材料	预制混凝土单梁		m³	10.050	—
	预制混凝土叠合梁		m³	—	10.050
	垫铁		kg	3.270	4.680
	松杂板枋材		m³	0.014	0.020
	立支撑杆件φ48×3.5		套	1.040	1.490
	零星卡具		kg	9.360	13.380
	钢支撑及配件		kg	10.000	14.290
	其他材料费		%	0.600	0.600

例 7-26 预制混凝土板的安装分为整体板和叠合板两种,板工程量按成品构件板工程量计算,均以构件设计图示尺寸的实体体积以立方米计算,可套用表 7-3 所示预算定额。

工作内容:结合面清理,构件吊装、就位、校正、垫实、固定,接头钢筋调直、焊接,搭设及拆除钢支撑。

表 7-3 预制混凝土板安装预算   m³

定额编号			1-4	1-5
项目			整体板	叠合板
名 称		单 位	消 耗 量	
人工	合计工日	工日	16.340	20.420
	其中	普工	工日	4.902	6.126
		一般技工	工日	9.804	12.252
		高级技工	工日	1.634	2.042
预制混凝土整体板		m³	10.050	—
预制混凝土叠合板		m³	—	10.050

例 7-27 预制混凝土墙的安装分为实心剪力墙、夹心保温剪力墙、双叶叠合剪力墙、外墙面板、外墙挂板等,所有板的工程量按成品构件板工程量计算,以构件设计图示尺寸的实体体积以立方米计算,其中依附于板制作的各类保温层、饰面层的体积并入墙安装中计算,可套用表 7-4～表 7-6 所示预算定额。

工作内容:支撑杆连接件预埋,结合面清理,构件吊装、就位、校正、垫实、固定,接头钢筋调直、构件打磨、坐浆料铺筑、填缝料填缝,搭设及拆除钢支撑。

表 7-4 预制混凝土板安装预算(1)   m³

定额编号			1-6	1-7	1-8	1-9
项目			实心剪力墙			
			外墙板		内墙板	
			墙 厚			
			≤200	>200	≤200	>200
名 称		单 位	消 耗 量			
合计工日		工日	12.749	9.812	10.198	7.921
人工	普工	工日	3.825	2.971	3.059	2.376

工作内容:支撑杆连接件预埋,结合面清理,构件吊装、就位、校正、垫实、固定,接头钢筋调直、构件打磨、坐浆料铺筑、填缝料填缝,搭设及拆除钢支撑。

表 7-5　预制混凝土板安装预算(2)　　　　　　　　　　　　m³

定额编号		1-10	1-11	1-12	1-13
项目		夹心保温剪力墙外墙板		双叶叠合剪力墙	
		墙厚/mm		外墙板	内墙板
		≤300	>300		
名　称	单　位	消　耗　量			
合计工日	工日	10.370	9.427	17.583	14.387

工作内容:支撑杆连接件预埋,结合面清理,构件吊装、就位、校正、垫实、固定,接头钢筋调直、构件打磨、坐浆料铺筑、填缝料填缝,搭设及拆除钢支撑。

表 7-6　预制混凝土板安装预算(3)　　　　　　　　　　　　m³

定额编号		1-10	1-12	1-13
项目		外墙面板 (PCF 板)	外挂墙板	
			墙厚/mm	
			≤200	>200
名　称	单　位	消　耗　量		
合计工日	工日	23.953	19.519	14.067

例 7-28　预制混凝土楼梯的安装直接根据直行梯段安装时支座受力方式的不同,划分为简支安装和固支安装,工程量按成品梯段的工程量计算,以构件设计图示尺寸的实体体积以立方米计算,可套用表 7-7 所示预算定额。

工作内容:结合面清理,构件吊装、就位、校正、垫实、固定,接头钢筋调直、焊接、灌缝、嵌缝,搭设及拆除钢支撑。

表 7-7　预制楼梯安装预算　　　　　　　　　　　　m³

定额编号			1-17	1-18
项目			直行梯段	
			简支	固支
名　称		单　位	消　耗　量	
人工	合计工日	工日	15.540	16.880
	其中 普工	工日	4.662	5.064
	其中 一般技工	工日	9.324	10.128
	其中 高级技工	工日	1.554	1.688
预制混凝土楼梯		m³	10.050	10.050
低合金钢焊条 E43 系列		kg	—	1.310

例 7-29 预制其他构件的安装主要包括预制混凝土阳台（叠合板式阳台、全预制式阳台）、凸（飘）窗、空调板、女儿墙及压顶，其安装工程量计算均按成本构件的工程量计算，以构件设计图示尺寸的实体体积以立方米计算，可套用表 7-8、表 7-9 所示预算定额。

工作内容：支撑杆连接件预埋，结合面清理，构件吊装、就位、校正、垫实、固定，接头钢筋调直、焊接，构件打磨、坐浆料铺筑、填缝料填缝，搭设及拆除钢支撑。

表 7-8 预制楼梯安装预算（1）　　　　　　　　　　　　　　m³

定额编号			1-19	1-20	1-21	1-22
项目			叠合板式阳台	全预制式阳台	凸（飘）窗	空调板
名　称		单　位	消　耗　量			
人工	合计工日	工日	21.700	17.250	18.320	23.870
	其中	普工	工日	6.510	5.175	5.496	7.161
		一般技工	工日	13.020	10.350	10.992	14.322
		高级技工	工日	2.170	1.725	1.832	2.387
预制混凝土阳台板		m³	10.050	10.050	—	—
预制混凝土凸窗		m³	—	—	10.050	—
预制混凝土空调板		m³	—	—	—	10.050

工作内容：支撑杆连接件预埋，结合面清理，构件吊装、就位、校正、垫实、固定，接头钢筋调直、焊接，构件打磨、坐浆料铺筑、填缝料填缝，搭设及拆除钢支撑。

表 7-9 预制楼梯安装预算（2）　　　　　　　　　　　　　　m³

定额编号			1-23	1-24	1-25
项目			女儿墙		压顶
			墙高/mm		
			≤600	≤1400	
名　称		单　位	消　耗　量		
人工	合计工日	工日	20.499	15.282	19.660
	其中	普工	工日	6.150	4.582	5.898
		一般技工	工日	12.299	9.169	11.796
		高级技工	工日	2.050	1.528	1.966
预制混凝土女儿墙		m³	10.050	10.050	—
预制混凝土压顶		m³	—	—	10.050
垫铁		kg	19.975	7.434	27.257

例 7-30　对于需要进行套筒注浆的,不分部位、方向,按锚入套筒内的钢筋以直径 φ18 进行定额划分,以个数计算,可套用表 7-10 所示预算定额。

工作内容:结合面清理、注浆料搅拌、注浆、养护、现场清理。

表 7-10　套筒注浆工程量计算　　　　　　　　　　计量单位:10 个

定额编号				1-26	1-27
项目				套筒注浆	
				钢筋直径/mm	
				≤φ18	>φ18
名　称			单　位	消　耗　量	
人工	合 计 工 日		工日	0.220	0.240
	其中	普工	工日	0.066	0.072
		一般技工	工日	0.132	0.144
		高级技工	工日	0.022	0.024
材料	灌浆料		kg	5.630	9.470
	水		m³	0.560	0.950
	其他材料费			3.000	3.000

例 7-31　外墙嵌缝、打胶定额中注胶缝的工程量以长度计算,可套用表 7-11 所示预算定额。

工作内容:清理缝道、剪裁、固定、注胶、现场清理。

表 7-11　嵌缝、打胶工程量计算　　　　　　　　　　计量单位:100 m

定额编号				1-28
项目				嵌缝、打胶
名　称			单　位	消　耗　量
人工	合 计 工 日		工日	6.587
	其中	普工	工日	1.976
		一般技工	工日	3.952
		高级技工	工日	0.659
材料	泡沫条 φ25		m	102.000
	双面胶纸		m	204.000
	耐候胶		L	31.500
	其他材料费		%	3.000

任务10 钢筋、螺栓、铁件

1.定额说明

(1)钢筋除预应力钢筋、钢丝束、钢绞线等子目外,其余子目均按成型钢筋分不同构件部位编制。

(2)钢筋以手工绑扎为准。钢筋接头按设计图示标明的长度或规范规定的搭接倍数考虑。若采用机械连接接头,套用相应定额子目。

(3)如采用现场制作钢筋时,按定额附表内现场制作钢筋相应子目替换定额内的成型钢筋消耗量,其他不变。

(4)型钢组合混凝土构件,按相应定额的人工乘以系数1.50。

(5)后张法钢筋的锚固是按钢筋帮条焊、U形插垫编制的,如采用其他方法锚固时,应另行计算。

(6)预应力钢丝束、钢绞线综合考虑了一端、二端张拉;锚具按单锚与群锚分列子目,单锚按单孔锚具编入,群锚按3孔锚具编入。预应力钢丝束、钢绞线长度大于50 m时,应采用分段张拉。

(7)钢筋种植子目不包括钢筋本身质量,另按植筋长度乘以单位理论质量并入相应定额内计算。

(8)如使用化学螺栓,可另行计算,但应扣除定额子目内的植筋胶消耗量。

2.工程量计算规则及实例解析

1)钢筋

现浇、现场预制构件成型钢筋及现场制作钢筋均按设计图示钢筋长度乘以单位理论质量计算。

计算公式:

$$钢筋工程量 = 钢筋长度 \times 钢筋每米重量 = 单根钢筋长度 \times 根数 \times 钢筋每米重量$$

$$钢筋每米理论重量 = 钢筋断面面筋 \times 钢筋密度 = \frac{1}{4}\pi d^2 \times 7850 \times 10^{-6}$$

$$= 0.00617 d^2 (kg/m)$$

$$钢筋长度 = 净长 + 节点锚固 + 搭接 = 构件长度 - 两端保护层$$
$$+ 两端弯钩长度 + 弯起钢筋增加长度 + 搭接$$

(1)混凝土保护层是指混凝土结构构件中,最外层受力钢筋的外缘至混凝土表面之间的混凝土层,简称保护层。

保护层厚度指的是混凝土上面那层小部分垫层的距离程度。混凝土保护层是指混凝土构件中,起到保护钢筋的作用避免钢筋直接裸露的那一部分混凝土。

混凝土保护层的环境类别及条件见表7-12;混凝土保护层最小厚度见表7-13。

表 7-12　混凝土保护层的环境类别及条件

环 境 类 别	条 　 件
一	室内干燥环境,永久的无侵蚀性静水浸没环境
二 a	室内潮湿环境,非严寒和非寒冷地区的露天环境;非严寒和非寒冷地区与无侵蚀性的水或土直接接触的环境;寒冷和寒冷地区的冰冻线以下与无侵蚀性的水或土直接接触的环境
二 b	干湿交替环境;水位频繁变动区环境;严寒和寒冷地区的露天环境;寒冷和寒冷地区冰冻线以上与无侵蚀性的水或土直接接触的环境
三 a	严寒和寒冷地区冬季水位变动区环境;受除冰盐影响环境;海风环境
三 b	盐渍土环境;受除冰盐作用环境;海岸环境
四	海洋环境
五	受人为或自然的侵蚀性物质影响的环境

表 7-13　混凝土保护层最小厚度　　　　　　　　　　　　mm

环 境 类 别	板、墙、壳	梁、柱、杆
一	15	20
二 a	20	25
二 b	25	35
三 a	30	40
三 b	40	50

(2) 钢筋弯钩如图7-67所示。

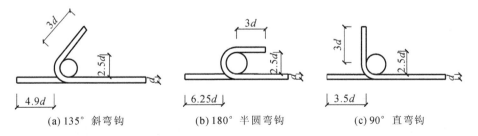

(a) 135°斜弯钩　　　　(b) 180°半圆弯钩　　　　(c) 90°直弯钩

图 7-67　钢筋弯钩示意图

(3) 弯起增加长度。

弯起钢筋增加长度:

$$\Delta l = S - L$$

表7-14所示为弯起钢筋斜长和增加长度计算表。

表 7-14　弯起钢筋斜长和增加长度计算表

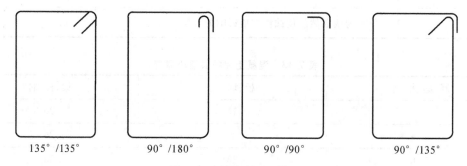

示意图			
弯起角度	30°	45°	60°
斜长(s)	2.000h	1.414h	1.155h
水平长(l)	1.732h	1.000h	0.577h
增加长度($\triangle l = s - l$)	0.268h	0.414h	0.578h

（4）箍筋。

箍筋弯钩当其为抗震结构时，一般为 135°/135°（一般默认为此种形式），或 90°/135°，如图 7-68 所示。

图 7-68　箍筋弯钩示意图

135°/135°　　90°/180°　　90°/90°　　90°/135°

箍筋弯钩平直部分的长度，非抗震结构为箍筋直径的 5 倍；有抗震结构为箍筋直径的 10 倍，且不小于 75 mm。如表 7-15 所示。

表 7-15　单个箍筋弯钩增加长度表（Ⅰ级钢筋，直径 d）

结构有抗震要求			结构无抗震要求		
180°弯钩	135°弯钩	90°弯钩	180°弯钩	135°弯钩	90°弯钩
13.25d	11.90d	10.50d	8.25d	6.90d	5.50d

计算公式：

单根箍筋计算长度 ＝ 构件截面周长 － 8×保护层厚度 ＋ 弯钩增加长度

箍筋根数 ＝ 箍筋范围 / 箍筋间距 ＋ 1（计算结果取整）

单构件箍筋总长 ＝ 单根箍筋计算长度 × 箍筋根数

2）钢筋搭接长度

（1）钢筋搭接长度应按设计图示及规范要求计算。伸出构件的锚固钢筋应并入钢筋工程量内。

（2）钢筋的搭接形式有手工绑扎、焊接连接和机械连接三种。焊接连接分电弧焊、闪光对焊和电渣压力焊；机械连接分锥螺纹连接和直螺纹连接。

电渣压力焊和机械连接均按个数计算。

计算公式：

$$搭接长度 = 搭接接头个数 \times 钢筋的单个搭接长度$$

表 7-16 所示为钢筋最小搭接长度取定表。

表 7-16　钢筋最小搭接长度取定表

序　　号	钢筋类型	绑扎搭接		电焊搭接	
		受　拉　区	受　压　区	绑　条　焊	搭　接　焊
1	Ⅰ级钢筋	$30d$	$20d$	$4d$	$4d$
2	5号钢筋	$30d$	$20d$	$5d$	$5d$
3	Ⅱ级钢筋	$35d$	$25d$	$5d$	$5d$
4	Ⅲ级钢筋	$40d$	$30d$	$5d$	$5d$
5	冷拔低碳钢丝	250 mm	200 mm		

注：当混凝土强度等级为 C15 时，除冷拔低碳钢丝外，其余均增加 $5d$。

（3）后张法预应力钢筋按设计图示钢筋（绞线、丝束）长度乘以单位理论质量计算。

① 低合金钢筋两端采用螺杆锚具时，钢筋长度按孔道长度减 0.35 m 计算，螺杆另行计算。

② 低合金钢筋一端采用镦头插片，另一端采用螺杆锚具时，钢筋长度按孔道计算，螺杆另行计算。

③ 低合金钢筋一端采用镦头插片，另一端采用帮条锚具时，钢筋按增加 0.15 m 计算；两端均采用帮条锚具时，钢筋长度按孔道长度增加 0.3 m 计算。

④ 低合金钢筋采用后张混凝土自锚时，钢筋长度按孔道长度增加 0.35 m 计算。

⑤ 低合金钢筋（钢绞线）采用 JM、XM、QM 型锚具，孔道长度≤20 m 时，钢筋长度按孔道长度增加 1 m 计算；孔道长度＞20 m 时，钢筋长度按孔道长度增加 1.8 m 计算。

⑥ 碳素钢丝采用锥形锚具，孔道长度≤20 m 时，钢丝束长度按孔道长度增加 1 m 计算；孔道长度＞20 m 时，钢筋长度按孔道长度增加 1.8 m 计算。

⑦ 碳素钢丝采用镦头锚具时，钢丝束长度按孔道长度增加 0.35 m 计算。

⑧ 预应力钢丝束、钢绞线锚具安装按套数计算。

（4）各类钢筋机械连接接头不分钢筋规格，按设计要求或施工规范规定以只计算，且不再计算该处的钢筋搭接长度。

（5）钢筋植筋不分孔深，按钢筋规格以根计算。

（6）钢筋笼按设计图示钢筋长度乘以单位理论质量计算。

（7）预埋铁件、预埋螺栓按设计图示尺寸乘以单位理论质量计算。

（8）支撑钢筋、型钢按设计图示（或施工组织设计）尺寸乘以单位理论质量计算。

例 7-32　如图 7-69 所示，试计算该矩形梁中的钢筋工程量。

【解】（1）钢筋下料长度。

①号钢筋 2Φ16：$(3900 - 25 \times 2 + 250 \times 2 - 1.75 \times 16 \times 2)$ mm＝4294 mm

②号钢筋 2Φ12：$(3900 - 25 \times 2 + 6.25 \times 12 \times 2)$ mm＝4000 mm

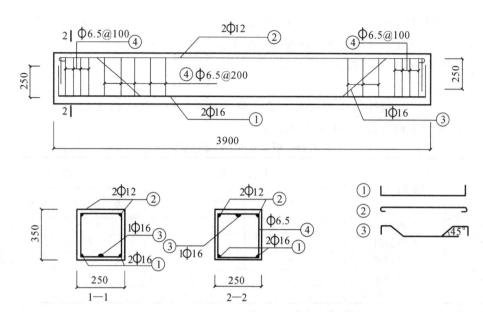

图 7-69　现浇钢筋混凝土矩形梁钢筋示意图

③号钢筋 $1\phi16$：$3900-25\times2+250\times2+(350-25\times2-16)\times0.414\times2-1.75\times16\times2-0.5\times16\times4=4497$ mm

④号钢筋 $\phi6.5@100/\phi6.5@200$：

箍筋个数 $n=(\dfrac{3900-25\times2-100\times3\times2-200\times2}{200}+1+4\times2)$ 个 $=23.25$ 个 ≈23 个

箍筋长度：

$$[(250+350)\times2-33]\ \text{mm}=1167\ \text{mm}$$

（2）钢筋重量。

①号钢筋 $2\phi16$：

$$4.294\times2\times1.580\ \text{kg}=13.57\ \text{kg}$$

②号钢筋 $2\phi12$：

$$4.0\times2\times0.888\ \text{kg}=7.10\ \text{kg}$$

③号钢筋 $1\phi16$：

$$4.497\times1\times1.580\ \text{kg}=7.11\ \text{kg}$$

④号钢筋 $\phi6.5@100/\phi6.5@200$：

$$1.167\times23\times0.260\ \text{kg}=6.98\ \text{kg}$$

【解析】　钢筋理论重量可以查五金手册或用下面的公式计算得出：

钢筋（圆钢）理论重量 $=\dfrac{\pi d^2}{4}\rho=\dfrac{3.14159}{4}\times0.007850d^2(\text{kg/m})=0.00617d^2(\text{kg/m})$

其中，d 为钢筋直径（mm），如 $\phi16$ 的理论重量为 $0.00617\times16^2(\text{kg/m})=1.580(\text{kg/m})$。

建设工程常用的钢筋重量：

$\phi6=0.222$ kg；$\phi6.5=0.26$ kg；$\phi8=0.395$ kg；$\phi10=0.617$ kg；$\phi12=0.888$ kg；

$\phi14=1.21$ kg；$\phi16=1.58$ kg；$\phi18=2.0$ kg；$\phi20=2.47$ kg；$\phi22=2.98$ kg；

$\phi25=3.85$ kg；$\phi28=4.83$ kg

金属结构工程

学习目标

通过本单元的学习,能够了解金属构件的计算规则及工程量计算。

任务 1 定额项目设置及相关知识

本章定额共包括 8 节 61 个子目,定额项目组成见表 8-1。

表 8-1 金属构件制作工程项目组成表

章	节	子 目
金属结构工程	金属构件驳运卸车 01-6-1-1～3	金属构件驳运钢屋架类(运距 1 km 以内)、金属构件驳运其他类(运距 1 km 以内)、金属构件卸车
	钢网架 01-6-2-1～2	焊接空心球网架、螺栓球节点网架
	钢屋架、钢托架、钢桁架 01-6-3-1～14	钢屋架 1.5 t 以内、3 t 以内、8 t 以内、15 t 以内、25 t 以内,钢托架 3 t 以内、8 t 以内、15 t 以内,钢桁架 1.5 t 以内、3 t 以内、8 t 以内、15 t 以内、25 t 以内、40 t 以内
	钢柱 01-6-4-1～4	钢柱 3 t 以内、8 t 以内、15 t 以内、25 t 以内
	钢梁 01-6-5-1～8	钢梁 1.5 t 以内、3 t 以内、8 t 以内、15 t 以内,钢吊车梁 3 t 以内、8 t 以内、15 t 以内、25 t 以内
	钢构件 01-6-6-1～15	钢支撑、钢檩条、钢天窗架、钢墙架(挡风架)、钢平台(走道)、钢楼梯(踏步式、爬式、螺旋式)、钢栏杆(护栏)、零星钢构件、钢漏斗、现场拼装平台摊销、高强螺栓、花篮螺栓、剪力栓钉
	钢板楼板、墙板 01-6-7-1～11	钢筋桁架式组合楼板、压型钢板楼板、外墙面板(采光板、压型钢板、彩钢夹芯板)、天沟(钢板、彩钢板、不锈钢)、彩钢板(封边包角、泛水板、门窗洞口)
	金属制品 01-6-8-1～4	成品空调金属百叶护栏、成品栅栏、金属网栏、后浇带金属网

任务 2 定额说明

1. 金属结构件安装

(1)本章金属结构件按工厂制品编制。

(2)结构件安装按结构件种类及质量不同套用相应定额子目,结构件安装定额子目中的质量指按设计图示所标明的构件单支(件)质量。

(3)整座网架质量＜120 t,其安装人工、机械乘以系数 1.2;钢网架安装按分块吊装考虑。

(4)钢网架安装定额按平面网格结构编制,如设计为筒壳、球壳及其他曲面结构的,其安装人工、机械乘以系数1.2。

(5) 钢桁架安装定额按直线形桁架编制,如设计为曲线、折线形桁架,其安装人工、机械乘以系数 1.20。

(6) 钢屋架、钢托架、钢桁架单支质量<0.2 t 时,按相应钢支撑定额子目执行。

(7) 钢支撑包括:柱间支撑、屋面支撑、系杆、拉条、撑杆、隅撑等。

(8) 钢柱(梁)定额不分实腹、空腹钢柱(梁),钢管柱,均执行同一柱(梁)定额。

(9) 制动梁、制动板、车挡等按钢吊车梁相应定额子目执行。

(10) 柱间、梁间、屋架间的 H 型、箱型钢支撑套用相应的钢柱、钢梁安装子目;墙架柱、墙架梁和相配套的连接杆件套用钢墙架相应子目。

(11) 钢支撑、钢檩条、钢墙架(挡风架)等单支质量>0.2 t 时,按相应屋架、柱、梁子目执行。

(12) 钢天窗架上的 C、Z 型钢,按钢檩条子目执行。

(13) 基坑围护中的钢格构柱套用本章相应定额子目,其人工、机械乘以系数 0.5,钢格构柱拆除及回收残值等另行计算。

(14) 钢栏杆(钢护栏)定额适用于钢楼梯、钢平台、钢走道板等与金属结构相连的栏杆,其他部位的栏杆、扶手应按"其他装饰工程"相应定额子目执行。

(15) 单件质量在 25 kg 以内的小型钢构件,套用本章定额中的零星钢构件子目。

(16) 钢漏斗安装不分方形、圆形,定额已作综合考虑。

(17) 结构件安装用的连接螺栓已综合考虑在定额子目内,但未包括高强度螺栓及剪力栓钉。

(18) 结构件安装的补漆已综合考虑在定额子目内,如结构件制品需现场涂刷油漆、防火涂料者,按"油漆、涂料、裱糊工程"相应定额子目执行。

(19) 结构件安装 15 t 及以下构件子目,定额按单机吊装编制,其他按双机抬吊考虑吊装机械,网架按分块吊装考虑配置相应机械。

(20) 结构件安装按建筑物檐高 20 m 以内、跨内吊装编制。实际需采用跨外吊装的,可按施工组织设计方案调整。

(21) 结构件采用塔吊吊装的,将结构件安装子目中的汽车式起重机 20 t、40 t 分别调整为自升式塔式起重机 2500 kN·m、3000 kN·m,人工及起重机械乘以系数 1.2。

(22) 钢构件安装檐高超过 20 m 或楼层数超过 6 层时,超高人工降效已综合考虑在"措施项目"超高施工降效定额内;吊装机械按表 8-2 所示调整。

表 8-2 吊装机械调整表

建筑物檐高	调整后机械规格型号
20 m<H≤30 m	2000 kN·m
30 m<H≤150 m	3000 kN·m
150 m<H≤180 m	6000 kN·m
180 m<H≤240 m	9000 kN·m
240 m<H≤315 m	12000 kN·m
315 m<H≤420 m	13500 kN·m

（23）钢结构大跨度结构件适用于跨度≥36 m 的建筑物,套用本章相应定额子目,人工乘以系数 1.2,吊装机械按实调整。如安装檐高超过 20 m 时人工及机械降效因素按本章第 22 条执行。如采用特殊施工方法(平移、滑移、提升及顶升)时,可按实调整。

（24）高层及大跨度结构件安装,不包括采用临时支撑等特殊施工措施。如发生时,可按施工方案调整。

（25）结构件安装已考虑现场拼装的工作内容,但未考虑分块或整体吊装的钢网架、钢桁架地面平台拼装摊销,如实际发生时,执行现场拼装平台摊销定额子目。

（26）结构件安装如需搭设脚手架及安全护栏时,按"措施项目"相应定额子目执行。钢结构工程如有特殊搭设要求时,可按施工组织设计方案调整。

2. 金属结构件驳运及卸车

（1）结构件驳运为结构件从堆放点装车运至安装位置卸车就位,运距以一千米为准(不足一千米按一千米计算)结构件运距超过一千米,每增加一千米运距,按相应定额子目汽车台班消耗量增加 25%(累计千米数计算)。

（2）结构件驳运定额子目分为两类(金属构件驳运钢屋架类、金属构件驳运其他类),分别按相应定额子目执行。

① 钢屋架类结构件指钢屋架、钢墙架、挡风架、钢天窗架。

② 其他类结构件指钢柱、钢梁、桁架、吊车梁、网架、托架、檩条、支撑、栏杆、钢平台、钢走道、钢楼梯、钢漏斗、零星钢构件等。

3. 金属结构楼(墙)面板及其他

（1）压型钢板楼板安装不分板厚,均执行同一定额子目,如设计要求与定额取定板厚不同时,其材料可以调整,其余不变。

（2）钢筋桁架式组合楼板中的钢筋桁架,按工厂制品列入定额,不另计算。

（3）楼面板的收边板已包括在相应定额子目内,不另计算。固定压型钢板楼板的支架另按本章相应定额子目计算。

（4）压型钢板楼板、钢筋桁架式组合楼板中未包含栓钉,套用相应定额子目。

（5）天沟支架安装按相应定额子目执行。

（6）封边、包角定额子目适用于墙面、板面、高低屋面等处需封边、包角的项目。

任务 3 工程量计算规则及实例解析

1. 金属结构件安装

金属结构件安装均按设计图示尺寸以质量 $W(t)$ 计算。

（1）不扣除单个面积≤0.3 m² 的孔洞质量,焊条、铆钉、螺栓等不另增加质量。

（2）焊接空心球网架质量包括连接钢管杆件、连接球、支托和网架支座等零件的质量,螺栓球节点网架质量包括连接钢管杆件(含高强螺栓、销子、套筒、锥头或封板)、螺栓球、支托和网架支座等零件的质量。

（3）依附于钢柱上的牛腿及悬臂梁等,并入钢柱的质量内。

（4）钢管柱上的节点板、加强环、内衬管、牛腿等并入钢管柱的质量内,钢柱上的柱脚板、加劲板、柱顶板、隔板和肋板并入钢柱工程量内。

2. 高强螺栓、剪力栓钉　01-6-6-13～15

金属结构件安装使用的高强螺栓、剪力栓钉均按设计图示数量以套计算。

3. 钢平台　01-6-6-5

钢平台的工程量包括钢平台的柱、梁、板、斜撑等的质量 $W(t)$,依附于钢平台上的钢楼梯及平台钢栏杆,另按相应定额子目执行。

4. 钢栏杆　01-6-6-9

钢栏杆工程量包括钢扶手的质量 $W(t)$。

5. 钢楼梯　01-6-6-6～8

钢楼梯的工程量包括楼梯平台、楼梯梁、楼梯踏步等的质量 $W(t)$,钢楼梯上的栏杆、扶手另按相应定额子目执行。

6. 钢漏斗、钢板天沟　01-6-6-11　01-6-7-6～8

钢漏斗、钢板天沟按设计图示尺寸以质量 $W(t)$ 计算。依附在钢漏斗或钢板天沟上的型钢并入钢漏斗或钢板天沟的质量内。彩钢板天沟按设计图示尺寸以长度 $L(m)$ 计算。

7. 金属结构楼(墙)面板　01-6-7-1～5

（1）楼面板按设计图示尺寸以铺设面积 $S(m^2)$ 计算,不扣除单个面积 $\leqslant 0.3\ m^2$ 的柱、垛及孔洞所占面积。

（2）墙面板按设计图示尺寸以铺挂面积 $S(m^2)$ 计算,不扣除单个面积 $\leqslant 0.3\ m^2$ 的梁、孔洞所占面积。泛水板、封边、包角(01-6-7-9～11)等按设计图示尺寸展开面积 $S(m^2)$ 计算。

8. 金属结构件驳运及其他　01-6-1-2

（1）金属结构件驳运工程量同金属结构件安装工程量。

（2）金属结构件现场拼装平台摊销工程量按实际拼装构件的工程量计算。

9. 金属制品　01-6-8-1～4

（1）成品空调金属百叶护栏、成品栅栏及金属网栏均按设计图示尺寸以框外围展开面积 $S(m^2)$ 计算。

（2）后浇带金属网均按设计图示尺寸以面积 $S(m^2)$ 计算。

例 8-1 某工程空腹钢柱如图 8-1 所示(最底层钢板为—12 mm 厚),共 3 根,加工厂制作,运输到现场拼装、安装、超声波探伤,耐火极限为二级。钢材单位理论质量如表 8-3 所示。

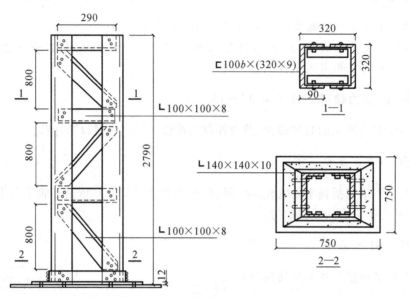

图 8-1 空腹钢柱示意图

表 8-3 钢材单位理论质量表

规　　格	单位质量	备　　注
⊏$100b$×$(320×90)$	43.25 kg/m	槽钢
∟$100×100×8$	12.28 kg/m	角钢
∟$140×140×10$	21.49 kg/m	角钢
—12	94.20 kg/m	钢板

问题:根据以上背景资料,试列出该工程空腹钢柱的工程量。

【解】

① ⊏$100b$×$(320×90)$槽钢质量:

$$G_1 = 2.97 × 2 × 43.25 × 3 \text{ kg} = 770.715 \text{ kg}$$

② ∟$100×100×8$角钢质量:

$$G_2 = (0.29 × 6 + \sqrt{(0.8^2 + 0.29^2)} × 6) × 12.28 × 3 \text{ kg} = 252.193 \text{ kg}$$

③ ∟$140×140×10$角钢质量:

$$G_3 = (0.32 + 0.14 × 2) × 4 × 21.49 × 3 \text{ kg} = 154.728 \text{ kg}$$

④ —12 钢板质量:

$$G_4 = 0.75 × 0.75 × 94.20 × 3 \text{ kg} = 158.963 \text{ kg}$$

合计:

$$G = G_1 + G_2 + G_3 + G_4 = (770.715 + 252.193 + 154.728 + 158.963) \text{ kg}$$
$$= 1336.60 \text{ kg} = 1.337 \text{ t}$$

木结构工程

学习目标

通过本单元的学习,能够了解木结构各构件的计算规则。

任务 1 定额项目设置

本章定额共包括 3 节 17 个子目,定额项目组成见表 9-1。

表 9-1　木结构工程项目组成表

章	节	子　　目	
木结构工程	木屋架 01-7-1-(1~4)	木屋架跨度 10 m 内、10 m 外 钢木屋架跨度 15 m 内、25 m 内	
	木构架 01-7-2-(1~6)	木柱 木梁 屋面檩木 木楼梯 木葡萄架 木露台	
	屋面木基层 01-7-3-(1~7)	檩木上	钉椽子挂瓦条 钉屋面板 钉椽板
		屋面上	钉顺水条 钉挂瓦条
		封檐板、博风板	高 200 mm 以内 高 200 mm 以外

任务 2 定额说明

(1)本章木屋架、木构架等定额子目按工厂制品、现场安装编制。

(2)定额内木材木种均以一、二类木种取定。如采用三、四类木种时,按相应人工乘以系数 1.35。

(3)定额内木材消耗量已包括刨光损耗,方材一面刨光增加 3 mm,两面刨光增加 5 mm。

(4)屋架跨度是指屋架两端上、下弦中心线交点之间的距离。

(5)屋面板不分厚度均执行同一定额。

(6)附属于木屋架、钢木屋架等的铁配件,如需刷油漆者,按"油漆、涂料、裱糊工程"相应定额子目执行。

(7)木楼梯的栏杆(栏板)、扶手,按"其他装饰工程"相应定额子目执行。

(8)木葡萄架、木露台定额按一般构件形式及规格、尺寸等编制,如设计要求与定额不同时,可以调整。

任务 **3** 工程量计算规则

1. 木屋架　01-7-1-1～4

（1）木屋架工程量按设计图示的规格尺寸以体积 $V(m^3)$ 计算。附属于木屋架上的木夹板、垫木、风撑、挑檐木等均包含在木屋架制品内，不另计算。

（2）钢木屋架工程量按设计图示木杆件的规格尺寸以体积 $V(m^3)$ 计算，其钢杆件及铁配件等包含在钢木屋架制品内，不另计算。

（3）带气楼的屋架，其气楼屋架并入所依附屋架工程量内计算。

（4）屋架的马尾、折角和正交部分半屋架，并入相连屋架工程量内计算。

2. 木构架　01-7-2-1～6

（1）木柱、木梁按设计图示尺寸以体积 $V(m^3)$ 计算。

（2）檩木按设计图示的规格尺寸以体积 $V(m^3)$ 计算，单独挑檐木并入檩木工程量内。檩托木、檩垫木包含在檩木制品内，不另计算。

（3）简支檩木长度设计无规定时，按相邻屋架或山墙中距增加 200 mm 接头计算，两端出山檩条算至博风板；连续檩的长度按设计长度增加 5% 的接头长度计算。

（4）木楼梯按设计图示尺寸以水平投影面积 $S(m^2)$ 计算。不扣除宽度 ≤300 mm 的楼梯井，伸入墙内部分不计算。

（5）木葡萄架按设计图示的规格尺寸以体积 $V(m^3)$ 计算。

（6）木露台按设计图示尺寸以水平投影面积 $S(m^2)$ 计算。

3. 屋面木基层　01-7-3-1～7

（1）屋面板、椽子、挂瓦条、顺水条工程量按设计图示尺寸以屋面斜面积 $S(m^2)$ 计算，不扣除屋面烟囱、风帽底座、风道、小气窗及斜沟等所占面积，小气窗的出檐部分亦不增加面积。

（2）椽板工程量按设计图示尺寸以面积 $S(m^2)$ 计算。

（3）封檐板工程量按设计图示檐口外围长度 $L(m)$ 计算。博风板按斜长度 $L(m)$ 计算，每个大刀头增加长度 500 mm，并入相应子目计算。

10

门窗工程

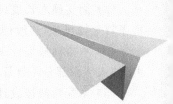

··

通过本单元的学习,能够了解门窗工程的计算规则及工程量计算。

任务 1 定额项目设置

本章定额共包括 10 节 113 个子目,定额项目组成见表 10-1。

表 10-1 门窗工程项目组成表

章	节	子 目
门窗工程	木门 01-8-1-1～7	成品木门扇安装,成品木门框安装 成品套装木门安装单扇门、双扇门、子母门 成品纱门扇安装,木质防火门安装
	金属门 01-8-2-1～10	铝合金门安装平开、推拉,隔热断桥铝合金门安装平开、推拉,塑钢门安装平开、推拉,彩钢门安装平开、推拉,钢质防火门,钢质防盗门
	金属卷帘(闸)门 01-8-3-1～4	金属卷帘(闸)门镀锌钢板、铝合金、不锈钢、电动装置
	厂库房大门、特种门 01-8-4-1～14	厂库房木板大门安装平开、推拉 厂库房钢木大门安装平开、推拉 厂库房全钢板大门安装平开、推拉、折叠 金属网门,隔音门,保温门 冷藏库门、冷藏冻结门、变电室门、射线防护门安装
	其他门 01-8-5-1～8	全玻璃门安装有框门扇、无框(条夹)门扇、无框(点夹)门扇,固定玻璃安装 全玻璃旋转门安装,电子感应门感应装置,不锈钢伸缩门,伸缩门电动装置
	金属窗 01-8-6-1～18	铝合金窗安装平开、推拉、固定、百叶窗 隔热断桥铝合金窗安装平开、推拉、固定 塑钢窗安装平开、推拉、固定 轻质防火窗 铝合金窗纱窗安装推拉、隐形纱窗 圆钢防盗格栅窗,不锈钢防盗格栅窗 彩钢板窗安装平开、推拉、固定
	门钢架、门窗套 01-8-7-1～14	门钢架单层胶合板、面层木质饰面板、面层不锈钢饰面板、面层石材干挂 门窗套(筒子板)基层细木工板带铲口、不带铲口 门窗套(筒子板)面层木质饰面板、面层不锈钢饰面板 石材门窗套干混砂浆挂贴、干混砂浆铺贴、黏合剂黏合、干挂 成品门窗套木质,门窗套木贴脸
	窗台板 01-8-8-1～7	窗台板基层细木工板、面层木质饰面板、面层铝塑板、面层不锈钢板 石材窗台板水泥砂浆铺贴、黏合剂黏合,成品窗台板木质
	窗帘、窗帘盒、轨 01-8-9-1～11	窗帘垂直帘、布艺窗帘、电动装置 窗帘盒基层细木工板、基层木龙骨胶合板、面层装饰夹板 成品窗帘盒塑料、铝合金 成品窗帘轨单轨、双轨,成品窗帘棍
	门窗五金 01-8-10-1～20	木门执手锁、弹子锁、电子锁 逃生装置锁水平推杆式、垂直推杆式,底板拉手,管子拉手 自由门弹簧合页,地弹簧,吊装滑动门轨 门吸,闭门器明装、暗装,顺位器 地锁,防盗门扣,门眼猫眼,门轧头 门框声学密封条,门扇底部自动密封条

任务 2 定额说明

（1）本章各类门窗均按工厂成品、现场安装编制。定额已包括玻璃安装人工与辅料耗量，玻璃材料在成品中考虑。

（2）成品套装门安装包括门套和门扇的安装。

（3）木门框定额不分有亮门框和无亮门框及门框断面尺寸，均执行同一定额。

（4）普通铝合金门窗定额按普通玻璃考虑。如设计为中空玻璃时，按相应定额子目人工乘以系数 1.1。

（5）金属门连窗者，门与窗分别按相应定额子目执行。

（6）金属卷帘门定额按卷帘侧装（即安装在门洞口内侧或外侧）考虑的，如设计为中装（即安装在门洞口中）时，按相应定额子目人工乘以系数 1.1。

（7）金属卷帘门定额按不带活动小门考虑的，当设计为带活动小门时，按相应定额子目执行，其中人工乘以系数 1.07，卷帘门调整为金属卷帘门带活动小门。

（8）防火卷帘门（除无机布防火卷帘门外）按镀锌钢板卷帘门定额子目执行，其中卷帘门调整为相应的防火卷帘门，其余不变。

（9）厂库房大门门扇上所用铁件包括在成品门内，除成品门附件以外，墙、柱、楼地面等部位的预埋铁件按设计要求另行计算。

（10）全玻璃门扇安装定额按地弹簧门考虑，其中地弹簧消耗量可按实际调整。

（11）全玻璃门带亮子者，有框亮子安装按全玻璃有框门扇定额子目执行，其中人工乘以系数 0.75，地弹簧调整为膨胀螺栓，消耗量按 277.55 个/100 m² 计算，无框亮子安装按固定玻璃安装定额子目执行。

（12）电子感应自动门传感装置、伸缩门电动装置安装包括调试用工。

（13）门窗套、窗台板、窗帘盒等定额子目分为成品安装和现场制作安装编制。

（14）门钢架及门窗套基层钢骨架制作、安装，按"墙、柱面装饰与隔断、幕墙工程"中的内墙（柱、梁）型钢骨架子目执行。

（15）门钢架、门窗套、筒子板、窗台板子目中未包括封边线条，如设计要求时，按"其他装饰工程"相应定额子目执行。

（16）窗台板与暖气罩相连时，窗台板并入暖气罩，按"其他装饰工程"中相应暖气罩子目执行。

（17）石材门窗套、窗台板子目均按石材成品板考虑。

（18）成品木门（扇）、全玻璃门扇安装子目中的五金配件安装，仅包括门合页与地弹簧安装，其中合页材料包括在成品门内。如设计要求其他五金时，则按本章相应五金安装子目计算。

（19）成品金属门窗、金属卷帘门、厂库房大门、特种门、其他门安装子目均包括五金配件或五金铁件安装人工，五金配件及五金铁件的材料包括在成品门内。

（20）本章定额不包括现场涂刷防腐油及油漆，如发生时，按"油漆、涂料、裱糊工程"相应定额子目执行。

任务 3 工程量计算规则

1. 木门

（1）成品木门扇安装除纱门扇外，其余均按设计图示门洞口尺寸以面积 $S(m^2)$ 计算。

（2）纱门扇安装按门扇外围面积 $S(m^2)$ 计算。

（3）成品套装木门安装按设计图示数量以樘计算。

（4）木门框安装按设计图示框的中心线以长度 $L(m)$ 计算。

2. 金属门窗

（1）成品金属门窗安装除金属纱窗外，其余均按设计图示门窗洞口尺寸以面积 $S(m^2)$ 计算。

（2）金属纱窗安装按窗扇外围面积 $S(m^2)$ 计算。

（3）门连窗按设计图示洞口尺寸分别计算门、窗面积，其中窗的宽度算至门框外边线。

3. 金属卷帘

（1）金属卷帘门安装按设计图示卷帘门宽度乘以卷帘门高度（包括卷帘箱高度）以面积 $S(m^2)$ 计算。

（2）卷帘门电动装置按设计图示数量以套计算。

4. 厂库房大门、特种门

（1）厂库房大门安装按设计图示门洞口尺寸以面积 $S(m^2)$ 计算。

（2）特种门安装按设计图示门框外边线尺寸以面积 $S(m^2)$ 计算。

5. 其他门

（1）全玻有框门扇按设计图示门框外边线尺寸以面积计算，有框亮子按门扇与亮子分界线以面积 $S(m^2)$ 计算。

（2）全玻无框（条夹）门扇按设计图示扇面积 $S(m^2)$ 计算，高度算至条夹外边线，宽度算至玻璃外边线。

（3）全玻无框（点夹）门扇按设计图示玻璃外边线尺寸以面积 $S(m^2)$ 计算。

（4）无框亮子（固定玻璃）按设计图示亮子与横梁或立柱内边缘尺寸以面积 $S(m^2)$ 计算。

（5）电子感应门传感装置安装按设计图示数量以套计算。

（6）旋转门按设计图示数量以樘计算。

（7）电动伸缩门安装按设计图示尺寸以长度 $L(m)$ 计算，电动装置按设计图示数量以套计算。

6.门钢架、门窗套

（1）门钢架基层、面层按设计图示饰面外围尺寸以展开面积 $S(\text{m}^2)$ 计算。

（2）门窗套、筒子板等均按设计图示饰面外围尺寸以展开面积 $S(\text{m}^2)$ 计算。

（3）门窗木贴脸按设计图示尺寸以长度 $L(\text{m})$ 计算。

7.窗台板、窗帘盒、轨

（1）窗台板按设计图示长度乘宽度以面积 $S(\text{m}^2)$ 计算。图纸未注明长度和宽度的可按窗框的外围宽度两边共加 100 mm 计算，凸出墙面的宽度按墙面外加 50 mm 计算。

（2）窗帘按图示尺寸以成活后的展开面积 $S(\text{m}^2)$ 计算。

（3）窗帘电动装置按设计图示数量以套计算。

（4）窗帘盒、窗帘轨（棍）按设计图示尺寸以长度 $L(\text{m})$ 计算。

8.门窗五金安装

门窗五金安装包括门锁、拉手、地弹簧、闭门器等，分别按设计数量以个计算。

例 10-1 背景资料:某户居室门窗布置如图 10-1 所示,分户门为成品钢质防盗门,室内门为成品实木门带套,⑥ 轴上 B 轴至 C 轴间为成品塑钢门带窗（无门套）;① 轴上 C 轴至 E 轴间为塑钢门,框边安装成品门套,展开宽度为 350 mm;所有窗为成品塑钢窗,具体尺寸见表 10-2。

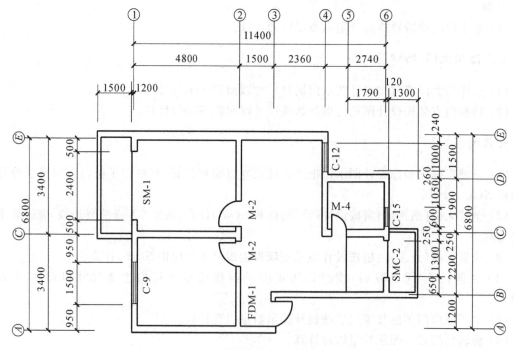

图 10-1 某户居室门窗平面布置图

表 10-2 某户居室门窗表

名　称	代　号	洞口尺寸/mm	备　注
成品钢质防盗门	FDM-1	800×2100	含锁、五金
成品实木门带套（平开）	M-2	800×2100	含锁、普通五金
	M-4	700×2100	
成品平开塑钢窗	C-9	1500×1500	夹胶玻璃(6+2.5+6)，型材为钢塑 90 系列，普通五金
	C-12	1000×1500	
	C-15	600×1500	
成品塑钢门带窗	SMC-2	门(700×2100)窗 C-15(600×1500)	
成品塑钢门	SM-1	2400×2100	

问题：根据以上背景资料，试列出该户居室的门窗、门窗套的工程量。

【解】　该户居室门窗、门窗套的工程量具体见表 10-3。

表 10-3　该户居室门窗、门窗套的工程量

序　号	定额编号	名称/代号	计　算　式	工程量合计	计量单位
1	01-8-2-10	成品钢质防盗门 FDM-1	S=0.8×2.1=1.68	1.68	m²
2	01-8-1-3	成品实木门带套 M-2 M-4	2 1	3	樘
3	01-8-6-8	成品平开塑钢窗 C-9 C-12 C-15	1.5×1.5=2.25 1×1.5=1.5 0.6×1.5×2=1.8	5.55	m²
4	01-8-2-6	成品塑钢门 SMC-2	0.7×2.1=1.47	1.47	m²
5	01-8-2-6	成品塑钢窗 SM-1	2.4×2.1=5.04	5.04	m²
6	01-8-7-13	成品门套 SM-1	0.35×(2.4+2.1×2)=2.31	2.31	m²

11

屋面及防水工程

学习目标

1. 掌握瓦、型材及其他屋面的计算规则及工程量计算。
2. 掌握屋面、墙面、楼地面防水防潮的计算规则及工程量计算。

任务 1 定额项目设置及相关知识

1. 定额项目设置

本章定额共包括 4 节 70 个子目,定额项目组成见表 11-1。

表 11-1 屋面及防水工程项目组成表

章	节	子 目
屋面及防水工程	瓦、型材及其他屋面 01-9-1-(1～10)	混凝土瓦屋面 瓦屋面 型材屋面 其他屋面 其他屋面膜结构	铺混凝土平瓦,铺混凝土脊瓦,斜沟、戗角 铺沥青瓦,铺彩色波形瓦(钢檩上) 彩钢夹芯板、彩钢压型钢板 阳光板铝合金骨架、型钢骨架
	屋面防水及其他 01-9-2-(1～26)	三元乙丙橡胶卷材,改性沥青卷材热熔、冷黏 聚氨酯防水涂膜,聚合物水泥防水涂料 水泥基渗透结晶型防水涂料 屋面刚性防水预拌细石混凝土(泵送)40 mm 厚,防水砂浆 刷防水底油 塑料管排水水落管,檐沟、天沟 塑料管排水落水斗,塑料落水口,塑料弯头落水口,阳台、雨篷排水短管 屋面保温层排气管,屋面保温层排气孔 屋面变形缝建筑油膏,聚氯乙烯胶泥 屋面变形缝泡沫塑料填塞,金属板盖面
	墙面防水、防潮 01-9-3-(1～16)	三元乙丙橡胶卷材,改性沥青卷材热熔、冷黏 聚氨酯防水涂膜,聚合物水泥防水涂料 水泥基渗透结晶型防水涂料 苯乙烯涂料二度,防水砂浆 墙面变形缝建筑油膏、聚氯乙烯胶泥 墙面变形缝泡沫塑料填塞、木板盖面、金属板盖面
	楼(地)面防水、防潮 01-9-4-(1～18)	三元乙丙橡胶卷材,改性沥青卷材热熔、冷黏 聚氨酯防水涂膜,聚合物水泥防水涂料 水泥基渗透结晶型防水涂料 苯乙烯涂料二度,防水砂浆 楼(地)面变形缝建筑油膏、聚氯乙烯胶泥、泡沫塑料填塞、金属板盖面 橡胶止水带,预埋式塑料止水带,预埋式金属板止水带

2. 相关知识

1) 坡屋面

坡屋面是指屋面坡度大于 15% 的屋面,如图 11-1 所示。坡屋面在我国有着悠久的历史和传统,有单坡屋面、两坡屋面、四坡屋面及其他形式,造型多样。坡屋面常用木结构、钢筋混凝土结构或钢结构承重,用瓦或型材防水,根据需要还可以在瓦或型材下设防水层和保温隔热层。

2)平屋面

平屋面是指屋面坡度小于15%的屋面,最常用的坡度为2%～3%,如图11-2所示。其坡度的形成方法有结构找坡(由屋顶承重结构形成)和材料找坡(由后置材料形成)。平屋面不仅构造简单、施工方便、造价低、节省空间,而且屋面还可以被加以利用。平屋面一般由结构层、找平层、防水层、保护层、保温隔热层等组成。按其所用防水材料的不同,平屋面可分为刚性防水屋面和柔性防水屋面。

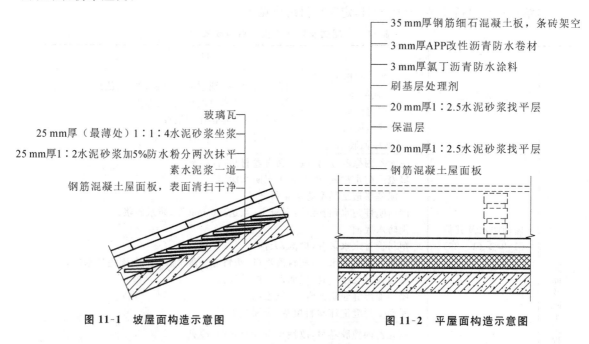

图 11-1 坡屋面构造示意图   图 11-2 平屋面构造示意图

3)屋面防水

屋面防水工程一般包括屋面卷材防水、屋面涂膜防水、屋面刚性防水、瓦屋面防水、屋面接缝密封防水。

4)屋面排水

屋面排水指将屋面的雨、雪水迅速排出,避免产生屋面积水的措施。在建筑工程中,屋面排水分有组织排水和无组织排水两种方式。

(1)无组织排水,又称自由落水,是将屋面板伸出墙外形成挑檐,屋面的雨水经挑檐自由下落。无组织排水易淋湿墙面及门窗。如图11-3所示。

(2)有组织排水是指屋顶雨水通过排水系统的天沟、雨水口、雨水管等,有组织地将雨水排至地面或地下管沟的一种排水方式。这种排水方式构造较复杂,造价相对较高但是减少了雨水对建筑物的不利影响,因而在建筑工程中应用广泛。特别是当建筑物较高、年降水量较大或较为重要的建筑,应采用有组织排水方式。如图11-4所示。

屋面排水的导水装置,按所用材料的不同,有铁皮制品排水、石棉水泥制品排水、铸铁制品排水、玻璃钢制品排水、硬聚氯乙烯(PVC)制品排水等。如图11-5所示。

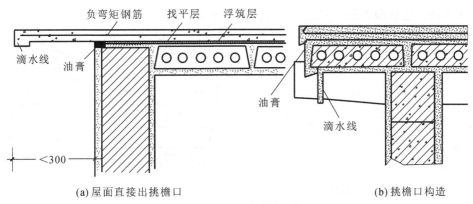

(a) 屋面直接出挑檐口   (b) 挑檐口构造

图 11-3　无组织排水檐口构造

图 11-4　有组织屋面排水

图 11-5　PVC 排水管

任务 2　瓦、型材及其他屋面

1. 定额说明

（1）瓦、型材及其他屋面材料规格如设计与定额（定额未注明具体规格的除外）不同时，可以换算，人工、机械不变。

（2）屋面彩钢夹芯板定额已包括封檐板、天沟板。

（3）屋面阳光板的支撑龙骨，如定额含量与设计不同时，可以调整，人工、机械不变；阳光板屋面如设计为滑动式，可按设计增加 U 形滑动盖帽等部件，调整材料，人工乘以系数 1.05。

（4）膜结构屋面的钢支柱、锚固支座混凝土基础等按"金属结构工程"及"混凝土及钢筋混凝土工程"相应定额子目执行。

2. 工程量计算规则及实例解析

1）瓦屋面

瓦屋面一般包括土瓦屋面、西班牙瓦屋面、琉璃瓦屋面、小青瓦屋面（见图 11-6）等。瓦屋面适用于坡屋顶。坡屋顶根据屋面坡度大小的不同分为等坡顶、不等坡顶、等两坡顶、等四坡屋顶、不等坡两坡顶和不等坡四坡顶,如图 11-7 所示。

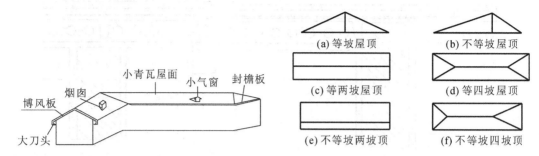

图 11-6　小青瓦坡屋面示意图　　　　图 11-7　坡屋顶按坡度分类

计算规则:各种瓦屋面均按设计图示尺寸以斜面面积 $S(\text{m}^2)$ 计算,不扣除房上烟囱、风帽底座、风道、屋面小气窗、斜沟和脊瓦等所占面积,屋面小气窗的出檐部分也不增加。

屋面坡度的表示方法分为角度表示法和坡度表示法,常用 B/A 或 $B/2A$ 或 $\cos\alpha$ 表示。如图 11-8 所示。它们的关系是 $i=\tan\alpha=B/A$。

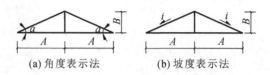

(a) 角度表示法　　　　(b) 坡度表示法

图 11-8　屋面坡度的表示方法

计算公式:

$$瓦屋面\,S = 设计图示尺寸斜面面积 = 屋面水平投影面积 \times C$$
$$= 屋前后檐口宽 \times 屋两山檐口长 \times C$$

其中:延尺系数 $C = 1/\cos\alpha = \dfrac{\sqrt{A^2+B^2}}{A}$;

等四坡水屋面斜脊长度 $= A \times D$;

其中:A 为半山墙长度;

隅延尺系数 $D = \sqrt{1+C^2}$;

两坡沿山墙泛水长度(一端) $= 2A \times C$;

$A = A'$,且 $S=0$ 时,为等两坡屋面;$A = A' = S$ 时,为等四坡屋面。

图 11-9 所示为坡屋面示意图。表 11-2 所示为屋面坡度系数表。

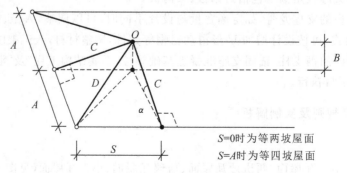

S=0时为等两坡屋面
S=A时为等四坡屋面

图 11-9　坡屋面示意图

表 11-2 屋面坡度系数表

坡度 $B/A(A=1)$	坡度 $B/2A$	坡度角度(α)	延尺系数 $C(A=1)$	隅延尺系数 $D(A=1)$
1	1/2	45°	1.4142	1.7321
0.75		36°52′	1.2500	1.6008
0.7		35°	1.2207	1.5779
0.666	1/3	33°40′	1.2015	1.5620
0.65		33°01′	1.1926	1.5564
0.6		30°58′	1.1662	1.5362
0.577		30°	1.1547	1.5270
0.55		28°49′	1.1413	1.5170
0.5	1/4	26°34′	1.1180	1.5000
0.45		24°14′	1.0966	1.4839
0.4	1/5	21°48′	1.0770	1.4697
0.35		19°17′	1.0594	1.4569
0.3		16°42′	1.0440	1.4457
0.25		14°02′	1.0308	1.4362
0.2	1/10	11°19′	1.0198	1.4283

例 11-1 某工程如图 11-10 所示,屋面板上铺水泥大瓦,试计算其工程量并确定定额项目。

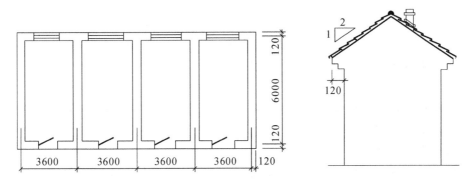

图 11-10 某工程平面图及立面图

【解】 由图 11-10 可知:

$$B/A = 1/2 = 0.5$$

查屋面坡度系数表得

$$C = 1.1180$$

瓦屋面工程量＝设计图示尺寸斜面面积＝屋前后檐口宽×屋两山檐口长×C

$$= (6.00 + 0.24 + 0.12 \times 2) \times (3.6 \times 4 + 0.24) \times 1.1180 \text{ m}^2 = 106.06 \text{ m}^2$$

2）脊瓦、斜沟、戗角线

混凝土脊瓦（不分平脊瓦、斜脊瓦）、斜沟、戗角线均按设计图示长度 L（m）计算。

例 11-2 设计小青瓦屋面在挂瓦条上铺设坡度为 $0.5(\theta=26°34')$，尺寸如图 11-11 所示，试计算：① 小青瓦屋面斜面面积；② 等四坡水屋面斜脊长度；③ 全部屋脊长度；④ 两坡沿山墙泛水长度。

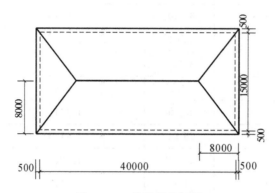

图 11-11　某屋面平面图

【解】　① 屋面坡度 $=B/A=0.5$，查屋面坡度系数表得 $C=1.1180$。

$$S = 设计图示尺寸斜面面积 = 屋前后檐口宽 \times 屋两山檐口长 \times C$$
$$= (40+0.5\times2)\times(15+0.5\times2)\times1.1180 \text{ m}^2 = 733.41 \text{ m}^2$$

② 查屋面坡度系数表得 $D=1.5$。

$$等四坡水屋面斜脊长度 = A\times D = 8\times1.5 \text{ m} = 12 \text{ m}$$

③ 斜脊总长为

$$12\times4 \text{ m} = 48 \text{ m}$$

正脊长为

$$(40+0.5\times2-8\times2) \text{ m} = 25 \text{ m}$$

$$全部屋脊长度 = (48+25) \text{ m} = 73 \text{ m}$$

④ 两坡沿山墙泛水长度 $=2AC=2\times8\times1.118$ m$=17.89$ m（一端）

3）屋面彩钢夹芯板、压型钢板

屋面彩钢夹芯板、压型钢板按设计图示尺寸以斜面面积 S（m^2）计算。不扣除单个面积 $\leqslant$ 0.3 m^2 柱、垛及孔洞所占面积。

4）屋面阳光板（玻璃钢）

屋面阳光板（玻璃钢）按设计图示尺寸以斜面面积 S（m^2）计算，不扣除屋面面积 $\leqslant$0.3 m^2 孔洞所占面积。

5）膜结构

如图 11-12 所示，膜结构按设计图示尺寸以需要覆盖的水平投影面积 S（m^2）计算。

计算公式：

$$膜结构 S = 需要覆盖的水平投影面积$$

例 11-3 已知条件如图 11-13 所示，加强型 PVC 膜布做成的屋面，正五边形膜结构屋面的边长为 6 m，试计算屋面工程量。

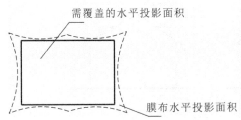

图 11-12　膜结构屋面示意图

【解】　膜结构 S＝需要覆盖的水平投影面积

$$S_{正五边形} = 2\cos^3 18° × a^2 = 2\cos^3 18° × 6^2 \text{ m}^2 = 61.937 \text{ m}^2$$

例 11-4　如图 11-14 所示,坡度为 0.5(即 $\theta=26°34'$,坡度比例＝1/4),求带天窗的瓦屋面工程量。

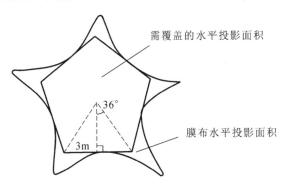

图 11-13　正五边形膜结构屋面示意图

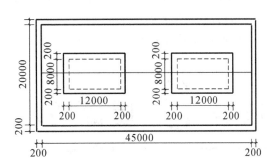

图 11-14　带天窗瓦屋面示意图

【解】　屋面坡度为 0.5,查屋面坡度系数表得 $C=1.1180$。

瓦屋面 S＝设计图示尺寸斜面面积

　　　＝(屋前后檐口宽×屋两山檐口长＋天窗出檐部分面积)×C

　　　＝$[(45+0.2×2)×(20+0.2×2)+(12.4×8.4-12×8)×2]×1.118 \text{ m}^2$

　　　＝$942.48×1.118 \text{ m}^2 = 1053.693 \text{ m}^2$

例 11-5　现有一带小气窗的四坡水平瓦屋面,尺寸及坡度如图 11-15 所示。试计算:
① 瓦屋面工程量;② 屋脊长度。

【解】　① 瓦屋面工程量:

瓦屋面 S＝设计图示尺寸斜面面积＝(屋前后檐口宽×屋两山檐口长)×C

　　　＝$(30.24+0.5×2)×(13.74+0.5×2)×1.1180 \text{ m}^2 = 514.81 \text{ m}^2$

② 屋面坡度角 α 为 $26°34'$,查屋面坡度系数表得 $D=1.5$。

$$A = \frac{13.74+0.5×2}{2} \text{ m} = 7.37 \text{ m}$$

等四坡水屋面斜脊长度＝$A×D = 7.37×1.5 = 11.055 \text{ m}$

斜脊总长:　　　　　$11.055×4 \text{ m} = 44.22 \text{ m}$

正脊长:　　　$(30.24+0.5×2-7.37×2) \text{ m} = 16.5 \text{ m}$

全部屋脊长度＝$(44.22+16.5) \text{ m} = 60.72 \text{ m}$

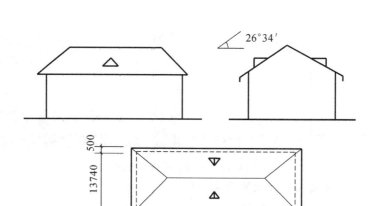

图 11-15　带小气窗屋面示意图

【解析】　屋面工程量按设计图示尺寸以斜面面积计算，不扣除屋面小气窗所占面积，屋面小气窗的出檐部分也不增加。

屋面坡度角度 α 为 $26°34'$，查屋面坡度系数表得 $C=1.1180$。

任务 3　屋面防水

1.定额说明

（1）平屋面以坡度≤15％为准，15％＜坡度≤25％的，按相应定额子目的人工乘以系数 1.18，25％＜坡度≤45％及弧形等不规则屋面，人工乘以系数 1.3；坡度＞45％的，人工乘以系数 1.43。

（2）防水层定额中不包括找平（坡）层、防水保护层，如发生时，按"楼地面装饰工程"相应定额子目执行。

（3）防水层定额中不包括涂刷防水底油，如实际发生时，按防水底油子目执行。防水底油子目适用于屋面、地面及立面项目。

（4）卷材防水定额均已包括防水搭接、拼缝、压边、留槎及附加层工料。

（5）细石混凝土防水层如使用钢筋网时，按"混凝土及钢筋混凝土工程"相应定额子目执行。

（6）如桩头、地沟、零星部位做防水层时，按相应定额子目的人工乘以系数 1.43。

2.工程量计算规则及实例解析

屋面防水示意图如图 11-16 所示。

屋面防水按设计图示尺寸以面积 S 计算。

（1）斜屋顶（不包括平屋顶找坡）按斜面面积计算，平屋顶按水平投影面积计算。不扣除房上烟囱、风帽底座、风道、屋面小气窗和斜沟所占面积。平屋顶防水，如有女儿墙，应算至女儿墙内侧。

（2）屋面的女儿墙、伸缩缝和天窗等处的弯起部分，按设计图示尺寸并入屋面工程量内计算;设计无规定时,伸缩缝、女儿墙、天窗弯起部分按 500 mm 计算。

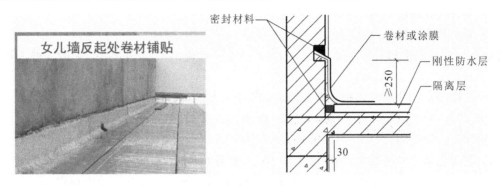

图 11-16　屋面防水示意图

例 11-6　有一两坡水二毡三油卷材屋面,尺寸如图 11-17 所示。屋面防水层构造层次为:预制钢筋混凝土空心板、1∶2 水泥砂浆找平层、冷底子油一道、二毡三油一砂防水层。

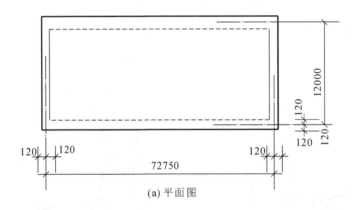

(a) 平面图

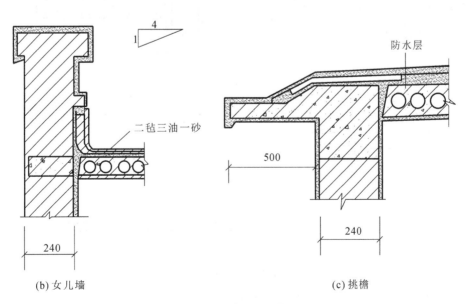

(b) 女儿墙　　　　　　　　　　　　(c) 挑檐

图 11-17　某屋面示意图

计算防水层：(1) 当有女儿墙，屋面坡度为 1：4 时的工程量；

(2) 当有女儿墙坡度为 3% 时的工程量；

(3) 无女儿墙有挑檐，坡度为 2% 时的工程量。

【解】 (1) 由图 11-17 可知 $B/A=1/4=0.25$，对应的坡度角度为 $14°02'$，查表得 $C=1.0308$。

$$S = 设计图示尺寸斜面面积 + 女儿墙弯起部分 = S_{外净} \times C + 0.5(设计无规定时) \times L_{外净}$$
$$= [(72.75-0.24) \times (12-0.24) \times 1.0308 + 0.5 \times (72.75-0.24+12.0-0.24) \times 2]\ m^2$$
$$= (878.981+84.27)\ m^2 = 963.251\ m^2$$

(2) 有女儿墙，3% 的坡度，因坡度小于 10%，故为平屋面。

$$S = 设计图示尺寸水平投影面积 + 女儿墙弯起部分 = S_{外净} + 0.5(设计无规定时) \times L_{外净}$$
$$= [(72.75-0.24) \times (12-0.24) + 0.5 \times (72.75-0.24+12.0-0.24) \times 2]\ m^2$$
$$= (852.718+84.27)\ m^2 = 936.988\ m^2$$

(3) 无女儿墙有挑檐，坡度为 2% 时，为平屋面。

$$S = 设计图示尺寸水平投影面积 = 屋前后檐口宽 \times 屋两山檐口长$$
$$= (72.75+0.24+0.5 \times 2) \times (12+0.24+0.5 \times 2)\ m^2 = 979.628\ m^2$$

例 11-7 如图 11-18 所示，试计算卷材平屋面工程量。

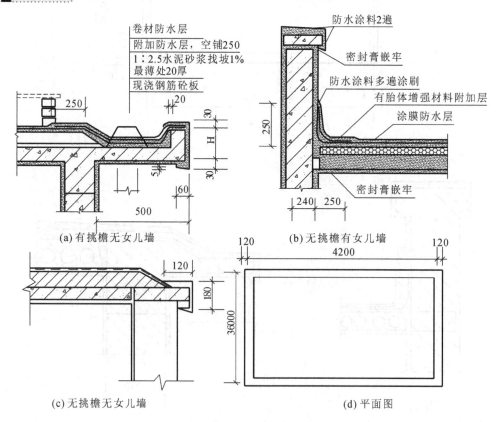

图 11-18 某屋面示意图

【解】 (1) 有挑檐无女儿墙[图 11-18(a)]：

$$S = 设计图示尺寸水平投影面积 = 屋前后檐口宽 \times 屋两山檐口长$$
$$= (42 + 0.24 + 0.5 \times 2) \times (36 + 0.24 + 0.5 \times 2) \text{ m}^2 = 1610.258 \text{ m}^2$$

（2）无挑檐有女儿墙[图 11-18(b)]：

$$S = 设计图示尺寸水平投影面积 + 女儿墙弯起部分 = S_{外净} + 0.25 \times L_{外净}$$
$$= [(42 - 0.24) \times (36 - 0.24) + 0.25 \times (42 - 0.24 + 36 - 0.24) \times 2] \text{ m}^2$$
$$= (1493.338 + 38.76) \text{ m}^2 = 1532.098 \text{ m}^2$$

任务 4 墙面防水、防潮

1. 定额说明

立面为圆形或弧形者，按相应定额子目的人工乘以系数 1.18。

2. 工程量计算规则及实例解析

墙面防水、防潮层不论内墙、外墙均按设计图示尺寸以面积计算。

（1）附墙柱、梁、垛卷材防水层按展开面积计算，并入墙面工程量内。

（2）扣除单个面积＞0.3 m² 以上孔洞所占面积，洞口侧边不增加。

任务 5 楼（地）面防水、防潮

1. 定额说明

平立面交接处，上翻高度≤300 mm 时，按展开面积并入地面工程量内计算，上翻高度＞300 mm 时，按墙面防水层计算。

2. 工程量计算规则及实例解析

楼（地）面防水、防潮层按设计图示尺寸以面积 $S(\text{m}^2)$ 计算。

1）楼（地）面防水层

楼（地）面防水层按主墙间净面积计算，扣除凸出地面的构筑物、设备基础等所占面积，不扣除间壁墙及单个面积≤0.3 m² 柱、垛和孔洞所占的面积。

计算公式：

楼（地）面防水层工程量＝主墙间净空面积－凸出地面的构筑物、设备基础等所占面积

2）墙基水平防水、防潮层

墙基水平防水、防潮层，外墙按外墙中心线长度、内墙按墙体净长度乘以宽度，以面积计算。

计算公式：

$$墙基水平防水、防潮层工程量 S = 防水层长 L \times 防水层宽 B$$

式中，外墙基防水层长度取外墙中心线长，内墙基防水层长度取内墙净长。

3）基础底板的防水、防潮层

基础底板的防水、防潮层按设计图示尺寸以面积计算，不扣除桩头所占面积。

4）桩头处外包防水层

桩头处外包防水层，按桩头投影外扩 300 mm 以面积计算，地沟及零星部位防水层按展开面积计算。

例 11-8 某实验室地面采用 2 mm 厚橡胶改性沥青卷材防水，向室内墙面上卷高度为 350 mm，热熔铺贴，如图 11-19 所示。试计算该地面防水的工程量。

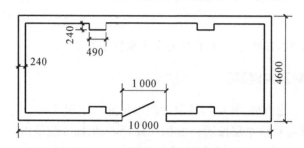

图 11-19 某实验室首层平面图

【解】 工程量计算。

地面卷材防水 01-9-4-2：

$$工程量 S_1 = (10 - 0.24 \times 2) \times (4.6 - 0.24 \times 2) \text{ m}^2 = 39.222 \text{ m}^2$$

墙面卷材防水 01-9-3-2：

$$工程量 S_2 = [(10 - 0.24 \times 2 + 4.6 - 0.24 \times 2) \times 2 + 0.24 \times 8 - 1] \times 0.35 \text{ m}^2$$
$$= (27.28 + 0.24 \times 8 - 1) \times 0.35 \text{ m}^2 = 9.87 \text{ m}^2$$

【解析】 地面防水工程量按设计图示尺寸以面积计算。楼（地）面防水层按主墙间净空面积计算，扣除凸出地面的构筑物、设备基础等所占面积，不扣除间壁墙及单个面积小于 0.3 m² 的柱、垛、烟囱和孔洞所占面积。楼（地）面防水反边高度不大于 300 mm 算作地面防水，反边高度大于 300 mm 算作墙面防水。

本工程地面防水卷材向室内墙面上卷高度为 350 mm，大于 300 mm，上卷防水卷材应按墙面卷材防水列项。单个垛的面积为 0.49×0.24 m² $= 0.118$ m²，小于 0.3 m²，故不扣除。

图中尺寸标注线为外墙外边线，故算净空面积时扣减 2 个墙厚。

附墙柱、梁、垛卷材防水层按展开面积计算，并入墙面工程量内。故在 S_2 中加上垛侧壁防水层面积 0.24×8 m² 并入墙面工程量内。

任务 6 屋面排水

1.定额说明

（1）水落管、雨水口、雨水斗均按材料成品、现场安装考虑，如设计采用的材料与定额不同时，按相应定额子目换算材料，其余不变。

（2）大型公共建筑、厂房等室内排水管或安装设计中的排水项目，执行相应专业工程定额。

2.工程量计算规则及实例解析

1）排水管

排水管按设计图示尺寸以长度 L(m)计算。如设计未标注尺寸，以檐沟底至设计室外散水或明沟上表面的垂直距离计算。

计算公式：

排水管 L = 檐沟底标高 — 散水标高（或明沟面标高）

2）雨水口、雨水斗、出水弯管

雨水口、雨水斗、出水弯管等，均以个计算。

3）檐沟

檐沟按图示尺寸以长度 L(m)计算。如图 11-20 所示。

4）排气管

屋面保温层排气管按设计图示尺寸以长度 L(m)计算。

5）排气孔

屋面保温层排气孔按设计图示数量以个计算。

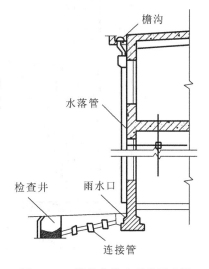

图 11-20 檐沟外排水系统示意图

6）排水短管

阳台、雨篷排水短管按设计图示数量以套计算。

例 11-9 如图 11-21、图 11-22 所示，试计算该屋面排水系统工程量。

【解】 白铁皮落水管工程量：

$(17.1+0.3-0.15)\times 6$ m $=17.25\times 6$ m $=103.50$ m

白铁皮雨水斗工程量：6个。

雨水口工程量：6个。

檐沟工程量：

$$24\times 2 \text{ m} = 48 \text{ m}$$

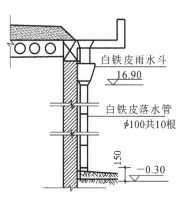

图 11-21 落水管示意图

【解析】 由图 11-23 所示挑檐沟外排水系统示意图可知,一般列项有三项,分别是雨水口、雨水斗、落水管。

排水管按设计图示尺寸以长度计算。如设计未标注尺寸,以檐沟底至设计室外散水或明沟上表面的垂直距离计算,如图 11-21 所示落水管示意图;雨水口、雨水斗均以个计算,如图 11-22 所示屋面排水示意图。

檐沟按图示尺寸以长度计算,图 11-22 所示屋面排水示意图为沿纵墙设檐沟。

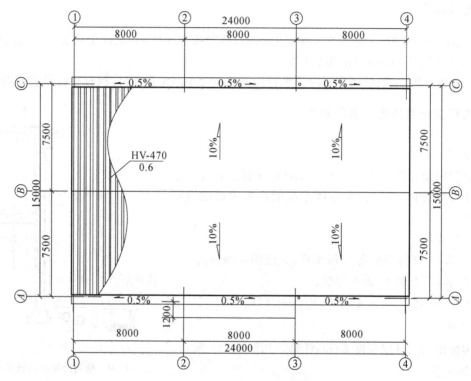

图 11-22　屋面排水示意图

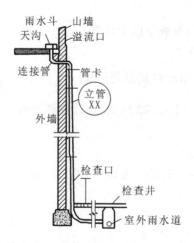

图 11-23　挑檐沟外排水系统示意图

任务 7 变形缝、止水带

1. 定额说明

(1) 变形缝定额缝口尺寸为:(宽×深)。

建筑油膏:30 mm×20 mm。

聚氯乙烯胶泥:30 mm×20 mm。

泡沫塑料填塞:30 mm×20 mm。

金属板止水带(厚 2 mm):展开宽 450 mm。

其他填料:30 mm×15 mm。

(2) 变形缝(盖缝)定额尺寸为:(宽×厚)。

木板盖板取定为:200 mm×25 mm。

金属盖板取定为:250 mm×5 mm。

(3) 若设计要求与定额不同时,用料可以调整,但人工不变。

调整值按下列公式计算:

变形缝(盖缝)调整值 = 定额消耗量×(设计缝口断面面积÷定额缝口断面面积)

(4) 变形缝金属盖板成品内已包含所有配件及辅材。

2. 工程量计算规则

各类变形缝(嵌填缝与盖板)与止水带应分不同材料,分别按设计图示尺寸以长度计算。墙面变形缝若为双面,工程量分别计算。

学习目标

1.掌握保温、隔热工程的计算规则及工程量计算。

2.掌握面层防腐、其他防腐的计算规则及工程量计算。

任务 1 定额项目设置

本章定额共包括 3 节 131 个子目,定额项目组成见表 12-1。

表 12-1　防腐、隔热、保温工程项目组成表

章	节		子　目
防腐、隔热、保温工程	保温、隔热 01-10-1-1～34 共 34 个子目	屋面保温	干铺加气混凝土块,干铺水泥蛭石块,架空隔热层预制混凝土板,树脂珍珠岩板,聚氨酯硬泡上人屋面,不上人屋面,泡沫玻璃板,预拌轻集料混凝土
		天棚保温	超细无机纤维棉,粘贴岩棉板
		墙面保温	高强珍珠岩保温层,珍珠岩墙体 1:1:6 珍珠岩,水泥珍珠岩板墙附墙铺贴,聚氨酯硬泡,泡沫玻璃保温板无加固、锚栓加固、锚栓和金属固定件加固,无机保温砂浆,干挂岩(矿)面板,发泡水泥板,保温装饰复合板,抗裂保护层耐碱网格布抗裂砂浆,热镀性钢丝网抗裂砂浆
		柱梁保温	水泥珍珠岩板 50 mm 厚,无机保温砂浆
		楼地面保温	轻集料混凝土
	防腐面层 01-10-2-1～61 共 61 个子目		水玻璃耐酸混凝土,重晶石混凝土,耐碱混凝土、水玻璃耐酸砂浆,环氧砂浆,不饱和聚酯砂浆、重晶石砂浆,环氧稀胶泥,双酚 A 型不饱和聚酯胶泥,玻璃钢底漆每层、刮腻子
		环氧玻璃钢 环氧酚醛玻璃钢 酚醛玻璃钢 环氧呋喃玻璃钢	贴布每层、树脂每层
		不饱和聚酯树脂玻璃钢底漆每层、刮腻子、贴布每层、树脂每层 软聚氯乙烯塑料地面、酸化处理	
		树脂类胶泥铺砌 环氧类胶泥铺砌 不饱和聚酯胶泥铺砌 水玻璃耐酸胶泥铺砌 水玻璃耐酸胶泥结合、环氧树脂胶泥勾缝 水玻璃耐酸砂浆结合、环氧树脂胶泥勾缝	瓷砖、瓷板、陶板
		水玻璃耐酸胶泥铺砌花岗岩板,水玻璃耐酸砂浆铺砌花岗岩板 水玻璃耐酸胶泥结合、环氧树脂胶泥勾缝花岗岩板、水玻璃耐酸砂浆结合、环氧树脂胶泥勾缝花岗岩板	
	其他防腐 01-10-3-1～36 共 36 个子目	过氯乙烯 漆酚树脂漆 醛酚树脂漆 氯磺化聚乙烯漆	混凝土面、抹灰面一底二涂
		聚氨酯漆混凝土面 聚氨酯漆抹灰面	清漆一遍、刮腻子、底漆一遍,中间漆一遍、中间漆增一遍、面漆一遍
		环氧呋喃树脂漆混凝土面 环氧呋喃树脂漆抹灰面 氯化橡胶漆混凝土面 氯化橡胶漆抹灰面	底漆两遍、底漆每增一遍、面漆两遍、面漆每增一遍

任务 2 保温、隔热

1. 定额说明

(1) 保温隔热定额仅包括保温隔热层材料的铺贴,不包括隔气防潮、保护层或衬墙等。

(2) 保温隔热层的材料配合比、材质、厚度如设计与定额不同时,可以换算。

(3) 弧形墙墙面保温隔热层,按相应定额子目的人工乘以系数1.1。

(4) 柱、梁保温定额子目适用于不与墙、天棚相连的独立柱、梁。

(5) 无机及抗裂保护层耐碱网格布,如设计及规范要求采用锚固栓固定时,每平方米增加人工0.03工日,锚固栓6.12只。

(6) 零星保温隔热项目(指池槽以及面积<0.5 m² 以内且未列项的子目),按相应定额子目的人工乘以系数1.25,材料乘以系数1.05。

(7) 墙面岩棉板保温、发泡水泥板及保温装饰复合板子目如设计使用钢固架者,钢固架按"墙、柱面装饰与隔断、幕墙工程"相应定额子目执行。

(8) 聚氨酯硬泡屋面保温定额分为上人屋面与不上人屋面两个子目。上人屋面子目仅考虑保温层,其余部分应另按相应定额子目执行;不上人屋面子目包括了保温工程全部工作内容。

2. 工程量计算规则及实例解析

1) 屋面保温隔热层

屋面保温隔热层按设计图示尺寸以面积 $S(\mathrm{m^2})$ 计算。扣除单个面积>0.3 m² 孔洞所占面积。

2) 天棚保温隔热层

天棚保温隔热层按设计图示尺寸以面积 $S(\mathrm{m^2})$ 计算。扣除单个面积>0.3 m² 柱、垛、孔洞所占面积,与天棚相连的梁按展开面积计算,并入天棚工程量内。

3) 墙面保温隔热层

墙面保温隔热层按设计图示尺寸以面积 $S(\mathrm{m^2})$ 计算。扣除门窗洞口及单个面积>0.3 m² 梁、孔洞所占面积;门窗洞口侧壁以及与墙相连的柱,并入保温墙体工程量内。墙体及混凝土板下铺贴隔热层不扣除木框架及木龙骨的体积。其中外墙按隔热层中心线长度计算,内墙按隔热层净长度计算。

4) 柱、梁保温隔热层

柱、梁保温隔热层按设计图示尺寸以面积 $S(\mathrm{m^2})$ 计算。柱按设计图示柱断面保温层中心线展开长度乘高度以面积计算,扣除>0.3 m² 梁所占面积。梁按设计图示梁断面保温层中心线周长乘保温层长度以面积计算。

5) 楼地面保温隔热层

楼地面保温隔热层按设计图示尺寸以面积 $S(\mathrm{m^2})$ 计算。扣除单个面积>0.3 m² 以上柱、垛及孔洞所占面积。门洞、空圈、暖气包槽、壁龛的开口部分不增加面积。

6）零星保温隔热层

零星保温隔热层按设计图示尺寸以展开面积 $S(\mathrm{m}^2)$ 计算。

7）孔洞侧壁周围及梁头、连系梁等保温隔热层

洞口 $>0.3~\mathrm{m}^2$ 孔洞侧壁周围及梁头、连系梁等保温隔热层工程量，并入墙面保温隔热工程量内。

8）柱帽保温隔热层

柱帽保温隔热层，按设计图示尺寸以展开面积 $S(\mathrm{m}^2)$，并入天棚保温隔热层工程量内。

例 12-1 如图 12-1 所示保温平屋面，试计算屋面保温层工程量。

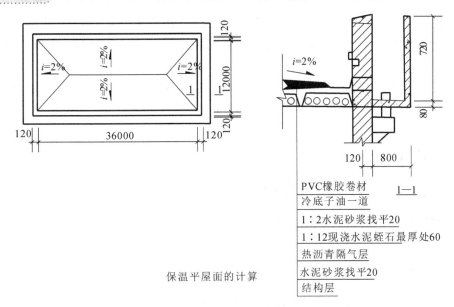

PVC橡胶卷材
冷底子油一道
1：2水泥砂浆找平20
1：12现浇水泥蛭石最厚处60
热沥青隔气层
水泥砂浆找平20
结构层

保温平屋面的计算

图 12-1　某保温平屋面示意图

【解】　屋面保温套用定额 01-10-1-3：
$$S = [(36-0.24)\times(12-0.24)]~\mathrm{m}^2 = 420.5376~\mathrm{m}^2$$

【解析】　屋面保温隔热层按设计图示尺寸以面积计算。扣除单个面积 $>0.3~\mathrm{m}^2$ 孔洞所占面积。

例 12-2 某工程建筑示意图如图 12-2 和图 12-3 所示，该工程外墙保温做法如下：① 基层表面清理；② 刷界面砂浆 5 mm；③ 刷 30 mm 厚无机保温砂浆；④ 门窗边做保温，宽度为 120 mm。根据以上背景资料试列项计算该工程外墙保温的工程量。

【解】　外墙保温套用定额 01-10-1-24：
$$S = [(10.98+0.035+7.68+0.035)\times2\times3.90-(1.2\times2.4+2.1\times1.8+1.2\times1.8\times2)]~\mathrm{m}^2$$
$$= (18.73\times2\times3.90-10.98)~\mathrm{m}^2 = 135.114~\mathrm{m}^2$$

门窗侧边：
$$S - [(1.2+2.4\times2)+(2.1+1.8)\times2+(1.2+1.8)\times2\times2]\times0.12~\mathrm{m}^2$$
$$= (6+7.8+12)\times0.12~\mathrm{m}^2 = 3.096~\mathrm{m}^2$$

以上面积合计＝(135.114＋3.096) m² ＝ 138.21 m²

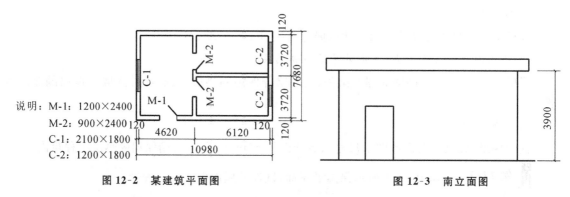

说明：M-1：1200×2400
　　　M-2：900×2400
　　　C-1：2100×1800
　　　C-2：1200×1800

图 12-2　某建筑平面图　　　　　　　　　图 12-3　南立面图

【解析】　墙面保温隔热层按设计图示尺寸以面积计算。扣除门窗洞口及单个面积＞0.3 m²梁、孔洞所占面积;门窗洞口侧壁以及与墙相连的柱,并入保温墙体工程量内。外墙按隔热层中心线长度计算。

题目中已知工程外墙保温做法:① 基层表面清理;② 刷界面砂浆 5 mm;③ 刷 30 mm 厚无机保温砂浆,则隔热层厚度为(5＋30) mm＝35 mm。

任务 **3** 防腐面层

1. 定额说明

(1) 各种砂浆、胶泥、混凝土配合比及各种整体面层的厚度,如设计与定额不同时,可以换算,各种块料面层的结合层胶结料厚度及灰缝厚度不予调整。

(2) 防腐砂浆、防腐胶泥及防腐玻璃钢定额子目以平面为准,立面者按相应平面子目的人工乘以系数 1.15;天棚者按相应平面子目的人工乘以系数 1.3,其余不变。

(3) 块料面层子目中,树脂类胶泥包括:环氧树脂胶泥、呋喃树脂胶泥、酚醛树脂胶泥等;环氧类胶泥包括:环氧酚醛胶泥、环氧呋喃胶泥等;不饱和聚酯胶泥包括:邻苯型不饱和聚酯胶泥、双酚 A 型不饱和聚酯胶泥等。

(4) 块料面层子目以平面为准,铺贴立面及沟、槽、池者,按相应平面子目的人工乘以系数 1.4,其余不变。

(5) 防腐隔离层按设计图示要求,套用相应防腐定额子目。

(6) 整体面层踢脚板按整体面层相应定额子目执行,块料面层踢脚板按平面块料相应定额子目的人工乘以系数 1.56。

(7) 防腐卷材接缝、附加层、收头等人工及材料已包括在相应定额内。

(8) 花岗岩板以六面剁斧的板材为准。如底面为毛面者,水玻璃砂浆增加 0.0038 m³/m²,水玻璃胶泥增加 0.0045 m³/m²。

2. 工程量计算规则及实例解析

1）防腐面层

防腐面层均按设计图示尺寸以面积 S（m²）计算。

（1）平面防腐。

平面防腐应扣除凸出地面的构筑物、设备基础等以及单个面积＞0.3 m² 柱、垛、孔洞等所占面积，门洞、空圈、暖气包槽、壁龛的开口部分不增加面积。

（2）立面防腐。

立面防腐应扣除门、窗、洞口以及单个面积＞0.3 m² 梁、孔洞所占面积，门、窗、洞口侧壁、垛凸出部分按展开面积并入墙面内。

2）块料防腐面层

沟、槽、池块料防腐面层按设计图示尺寸以展开面积 S（m²）计算。

3）踢脚板防腐

整体面层踢脚板并入相应防腐面层工程量内，块料踢脚板按设计图示长度乘高度以面积 S（m²）计算，扣除门洞所占面积，并相应增加侧壁面积。

4）其他防腐

混凝土面及抹灰面防腐油漆工程量按设计图示尺寸以面积 S（m²）计算。

例 12-3 如图 12-4 所示，轴线居墙中，建筑室内地面为水玻璃耐酸混凝土面层，试计算该防腐面层工程量。

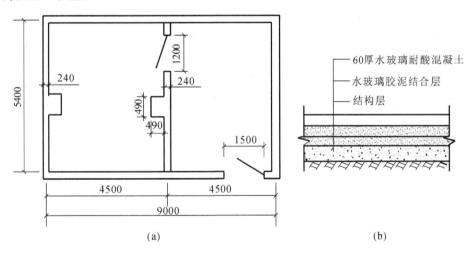

（a）　　　　　　　　　　　　　　　　（b）

图 12-4　某建筑平面图

【解】 水玻璃耐酸混凝土套用定额 01-10-2-1：
$$S = (4.5 - 0.24) \times (5.4 - 0.24) \times 2 \text{ m}^2 = 43.963 \text{ m}^2$$

【解析】 平面防腐应扣除凸出地面的构筑物、设备基础等以及单个面积＞0.3 m² 柱、垛、孔洞等所占面积，门洞、空圈、暖气包槽、壁龛的开口部分不增加面积。图中附墙柱面积为 0.49×0.49 m²＝0.2401 m²＜0.3 m²，故不扣除。

例 12-4 如图 12-5 所示，试计算重晶石砂浆面层的工程量。

149

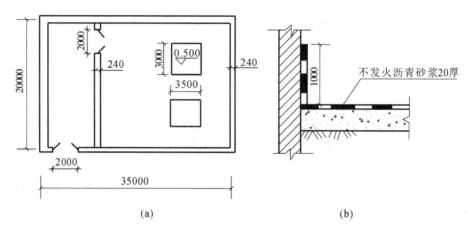

(a) (b)

图 12-5　重晶石砂浆 30 mm 厚面层平面图、立面图

【解】 平面防腐套用定额 01-10-2-12：

$$S_1 = [(35-0.24\times2)\times(20-0.24)-3.5\times3\times2]\ \text{m}^2 = (682.115-21)\ \text{m}^2 = 661.115\ \text{m}^2$$

立面防腐：

$$S_2 = [(35-0.24\times2)\times2+(20-0.24)\times4-2\times3+0.24\times2+0.12\times2]\times1\ \text{m}^2 = (148.8-6)\times1\ \text{m}^2 = 142.8\ \text{m}^2$$

重晶石砂浆面层的工程量合计：

$$S = S_1 + S_2 = (661.115+142.8)\ \text{m}^2 = 803.92\ \text{m}^2$$

【解析】 防腐面层均按设计图示尺寸以面积计算。

（1）平面防腐应扣除凸出地面的构筑物、设备基础等以及单个面积>0.3 m² 柱、垛、孔洞等所占面积，门洞、空圈、暖气包槽、壁龛的开口部分不增加面积。平面图中有 2 个 3.5×3 的凸出地面的构筑物应扣除。

（2）立面防腐应扣除门、窗、洞口以及单个面积>0.3 m² 梁、孔洞所占面积，门、窗、洞口侧壁、垛凸出部分按展开面积并入墙面内。立面图中有高度为 1 m 的墙裙，内墙净长扣减门洞宽（其中内墙门扣两侧，外墙门扣内侧），加上门洞侧壁（内墙门加两个门洞侧壁 0.24×2，外墙门加两个门洞侧壁的一半 0.12×2）。

例 12-5　如图 12-6 和图 12-7 所示某工程的平面图及剖面图。

屋面工程做法如下：

（1）在钢筋混凝土板面上做 1∶6 水泥炉渣找坡层，最薄处 60 mm（坡度 2%）；

（2）做 1∶2 厚度 20 mm 的水泥砂浆找平层（上翻 300 mm）；

（3）做 3 mm 厚 APP 改性沥青卷材防水层（上卷 300 mm），冷黏；

（4）做 1∶3 厚度 20 mm 的水泥砂浆找平层（上翻 300 mm）；

（5）做刚性防水层 40 厚 C20 细石混凝土（中砂）内配φ6 钢筋单层双向中距φ200，建筑油膏嵌缝沿着女儿墙与刚性层相交处以及沿 B 轴线贯通。

问题：试列项计算相关的工程量。

【解】（1）屋面保温层套用定额 01-10-1-6：

$$S = [(6.54-0.24)\times(7.04-0.24)-3.3\times1.8]\ \text{m}^2 = (42.84-5.94)\ \text{m}^2 = 36.90\ \text{m}^2$$

⑮⓪

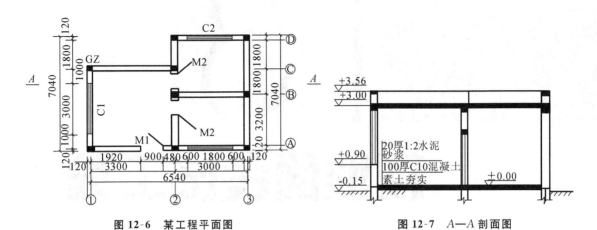

图 12-6　某工程平面图　　　　图 12-7　A—A 剖面图

（2）屋面砂浆找平层（1∶2 厚度 20 mm）套用定额 01-11-1-14：

$S = [36.90 + (6.54 - 0.24 + 7.04 - 0.24) \times 2 \times 0.30]\ \text{m}^2 = (36.90 + 26.2 \times 0.30)\ \text{m}^2$

$= 36.90 + 7.86 = 44.76\ \text{m}^2$

（3）屋面 APP 卷材防水套用定额 01-9-2-3：

$$S = 屋面砂浆找平层工程量 = 44.76\ \text{m}^2$$

（4）屋面砂浆找平层（1∶3 厚度 20 mm）套用定额 01-11-1-15：

$$S = 屋面砂浆找平层工程量 = 44.76\ \text{m}^2$$

（5）屋面刚性层套用定额 01-9-2-10：

$$S = 屋面保温层工程量 = 36.90\ \text{m}^2$$

（6）现浇构件钢筋 ϕ 10 以内：

$L = [(6.54 - 0.24 - 0.24) \times (4.76/0.2 + 1)(取整) + (6.06/0.2 + 1)(取整)$

$\times 4.76 + 2.76 \times (1.8/0.2 + 1)(取整) + (2.76/0.2 + 1)(取整) \times 1.8]\ \text{m}$

$= 358.42\ \text{m}$

$$G = 0.261 \times 358.42\ \text{kg} = 93.55\ \text{kg} \approx 0.094\ \text{t}$$

（7）建筑油膏套用定额 01-9-2-23：

$L = [(6.54 - 0.24 + 7.04 - 0.24) \times 2 + 6.54 - 0.24]\ \text{m} = (26.2 + 6.3)\ \text{m} = 32.50\ \text{m}$

【解析】　防水层定额中不包括找平（坡）层、防水保护层，如发生时，按"楼地面装饰工程"相应定额子目执行。整体面层及找平层按设计图示尺寸以面积计算。扣除凸出地面构筑物、设备基础、地沟等所占面积，不扣除间壁墙及小于等于 0.3 m² 柱、垛及孔洞所占面积。门洞、空圈、暖气包槽、壁龛的开口部分不增加面积。

楼地面装饰工程

■ 学习目标

1. 掌握整体面层及找平层的计算规则及工程量计算。

2. 掌握块料、橡塑、其他面层的计算规则及工程量计算。

3. 掌握踢脚线、楼梯面层、台阶装饰、零星装饰的计算规则及工程量计算。

4. 了解分隔嵌条、防滑条的计算规则。

任务 1 定额项目设置及相关知识

1.定额项目设置

本章定额共包括 9 节 116 个子目,定额项目组成见表 13-1。

表 13-1 楼地面装饰工程项目组成表

章	节	子 目	
楼地面装饰工程	整体面层及找平层 01-11-1-1～19	干混砂浆楼地面,剁假石楼地面,水磨石楼地面,水磨石楼地面(分色),预拌混凝土(泵送)细石混凝土楼地面,混凝土面层加浆随捣随光,水泥基自留平砂浆,环氧自流平涂层,干混砂浆找平层填充保温材料上、混凝土及硬基层上,预拌细石混凝土(泵送)找平层,楼地面刷素水泥浆	
	块料面层 01-11-2-1～28	石材楼地面 碎拼,拼花,镶边	干混砂浆铺贴,黏合剂粘贴
		点缀,石材晶面处理	
		地砖楼地面	干混砂浆铺贴,黏合剂粘贴
		陶瓷锦砖楼地面拼花	干混砂浆铺贴,黏合剂粘贴
		镭射玻璃地砖	8 厚单层钢化砖,8＋5 厚夹层钢化砖
		广场砖(不拼图案)	
		鹅卵石地坪	
	橡塑面层 01-11-3-1～4	橡胶板楼地面,橡胶板卷材楼地面	
		塑料板楼地面,塑料卷材楼地面	
	其他材料面层 01-11-4-1～13	地毯楼地面有胶垫、无胶垫、块毯	
		地板木格栅、毛地板	
		企口地板基层板上直铺、基层板上席纹、木楞上直铺、基层板上粘贴拼花	
		复合地板	
		防静电活动地板,智能化活动地板,机磨地板	
	踢脚线 01-11-5-1～12	踢脚线	干混砂浆
			干混砂浆铺贴石材、黏合剂粘贴石材
			干混砂浆铺贴地砖、黏合剂粘贴地砖
			干混砂浆铺贴陶瓷锦砖、黏合剂粘贴陶瓷锦砖
			塑料板
			成品木质、细木工板基层
			金属板、防静电板
	楼梯面层 01-11-6-1～14	石材楼梯面层干混砂浆铺贴、黏合剂粘贴	
		地砖楼梯面层干混砂浆铺贴、黏合剂粘贴	
		楼梯面层干混砂浆 20 mm 厚,楼梯找平干混砂浆 15 mm 厚	
		楼梯面层水磨石 15 mm 厚	
		楼梯面层铺设地毯带垫、不带垫,楼梯地毯配件踏步压辊、踏步压板	
		楼梯面层木板、橡胶板、塑料板	
	台阶装饰 01-11-7-1～11	石材台阶面 地砖台阶面 陶瓷锦砖台阶面 碎拼石材台阶面	干混砂浆铺贴、黏合剂粘贴
		干混砂浆台阶面 20 mm 厚,水磨石、剁假石台阶面	
	零星装饰 01-11-8-1～9	石材零星项目 碎拼石材零星项目 地砖零星项目 陶瓷锦砖零星项目	干混砂浆铺贴、黏合剂粘贴
		干混砂浆零星项目 20 mm 厚	
	分隔嵌条、防滑条 01-11-9-1～6	楼地面嵌金属分隔条水磨石金属嵌条、块料地面金属分隔条(T 型 5×10) 楼梯台阶踏步防滑条金属嵌条(4×6)、金属板(直角)(5×50)、金刚砂 地面分仓缝	

2. 相关知识

1) 楼地面的概念

楼地面是楼面和地面的总称,其主要构造层次一般为基层、垫层和面层,必要时可增设填充层、隔离层、找平层、结合层等。如图13-1所示。

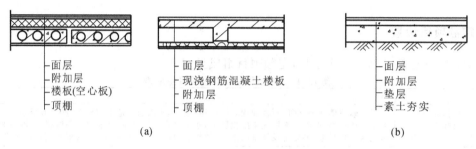

面层	面层	面层
附加层	现浇钢筋混凝土楼板	附加层
楼板(空心板)	附加层	垫层
顶棚	顶棚	素土夯实
(a)		(b)

图 13-1　楼地层的组成

2) 楼地面的施工顺序

(1) 地面装饰施工顺序如图13-2所示。

清理基层 ⟶ 垫层 ⟶ 隔离层 ⟶ 找平层 ⟶ 结合层 ⟶ 面层

图 13-2　地面装饰施工顺序图

(2) 楼面装饰施工顺序如图13-3所示。

清理基层 ⟶ 找平层 ⟶ 隔离层 ⟶ 找平层 ⟶ 结合层 ⟶ 面层

图 13-3　楼面装饰施工顺序图

任务 2　整体面层及找平层

1. 定额说明

(1) 本章砂浆、石子浆、混凝土等的配合比,设计与定额不同时,可以调整。

(2) 整体面层及找平层和块料面层定额子目中均不包括刷素水泥浆。

(3) 水磨石整体面层及块料面层(除广场砖及鹅卵石地坪外)定额子目中均不包括找平层。

(4) 整体面层、块料面层及橡塑、木地板面层等定额子目均未包括踢脚线,踢脚线另行计算。

(5) 细石混凝土找平层及面层定额子目,如采用非泵送混凝土时,按相应泵送定额子目的人工乘以系数1.1,机械乘以系数1.05。

（6）细石混凝土找平层厚度＞60 mm 者，按"混凝土及钢筋混凝土工程"中的垫层子目执行。

（7）水磨石面层定额子目未含分格嵌条，发生时，按相应定额子目执行。

2. 工程量计算规则及实例解析

整体面层是指一次性连续铺筑而成的面层。如：水泥砂浆面层、细石混凝土面层、水泥混凝土面层、水磨石面层、剁假石面层、水泥钢屑面层、防油渗面层、不发火（防爆）面层等。

计算规则：整体面层及找平层按设计图示尺寸以面积 $S(m^2)$ 计算。扣除凸出地面构筑物、设备基础、地沟等所占面积，不扣除间壁墙及小于等于 $0.3\ m^2$ 柱、垛及孔洞所占面积。门洞、空圈、暖气包槽、壁龛的开口部分不增加面积。

例 13-1 如图 13-4 所示为某工程图纸，试计算水泥砂浆面层工程量。

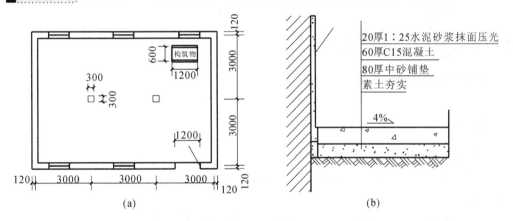

图 13-4　某工程图纸

【解】　水泥砂浆面层工程量套用定额 01-11-1-1：
$$S = [(3 \times 3 - 0.24) \times (3 \times 2 - 0.24) - 1.2 \times 0.6 = 50.458 - 0.72]\ m^2$$
$$= 49.738\ m^2$$

【解析】　水泥砂浆面层属于整体面层，整体面层及找平层按设计图示尺寸以面积计算。扣除凸出地面构筑物、设备基础、地沟等所占面积，不扣除间壁墙及小于等于 $0.3\ m^2$ 柱、垛及孔洞所占面积。门洞、空圈、暖气包槽、壁龛的开口部分不增加面积。图 13-4(a)中有构筑物 1200×600，应扣除；300×300 柱两根，因单根柱面积为 $0.09\ m^2 < 0.3\ m^2$，故不扣除；1200 mm 宽门洞的开口部分不增加面积。

例 13-2 如图 13-5 所示，某建筑物室外散水，混凝土强度等级 C15，试计算散水工程量。

【解】　套用定额 01-11-1-9：
$$S = [(6.6 + 0.24 + 0.9 \times 2) \times (3.6 + 0.24 + 0.9 \times 2) - (6.6 + 0.24)$$
$$\times (3.6 + 0.24) - 2 \times 0.9]\ m^2$$
$$= (48.730\ \ 26.266\ \ 1.8)\ m^2 = 20.664\ m^2$$

【解析】　散水工程量应扣除坡道、台阶的面积。

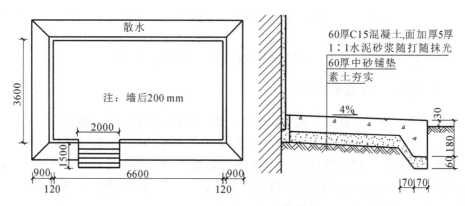

图 13-5　散水平面及剖面示意图

任务 3　块料面层

1. 定额说明

（1）玻化砖按地砖相应定额子目执行。

（2）块料面层定额子目已包括块料直行切割。如设计要求分格、分色者，按相应子目人工乘以系数 1.1。

（3）镶嵌规格在 100 mm×100 mm 以内的石材执行点缀子目。

（4）鹅卵石铺设如设计要求为分色拼花者，其分色拼花部分的人工乘以系数 1.2。

（5）如设计采用地暖者，其找平层按相应定额子目的人工乘以系数 1.3，材料乘以系数 0.95。

（6）广场砖铺贴如设计要求为环形及菱形者，其人工乘以系数 1.2。

2. 工程量计算规则及实例解析

块料面层：指块状的面层装饰材料。块料面层材料主要指墙面、楼地面等部位所使用的裸露在表面的可见的块状面层装饰材料，如各种墙地砖、各种瓷砖、各种大理石花岗石、各种玻璃装饰砖等。粘贴这些面层材料所使用的水泥砂浆或建筑胶等称为粘贴层，含在相应的定额子目中。

计算规则：块料面层按设计图示尺寸以面积 $S(m^2)$ 计算。门洞、空圈、暖气包槽、壁龛的开口部分并入相应的工程量内。

例 13-3　如图 13-6 所示某建筑平面图，墙厚 240 mm，室内地面铺设 800 mm×800 mm 大理石，干混砂浆铺贴，试计算大理石面层工程量。

【解】套用定额 01-11-2-1：
$$S = [(3.9 - 0.24) \times (3 + 3 - 0.24) + (5.1 - 0.24) \times (3 - 0.24) \times 2$$

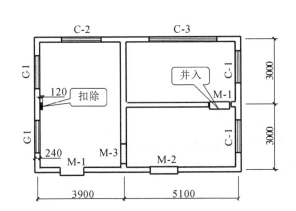

门窗表	
M-1	1000 mm×2000 mm
M-2	1200 mm×2000 mm
M-3	900 mm×2400 mm
C-1	1500 mm×1500 mm
C-2	1800 mm×1500 mm
C-3	3000 mm×1500 mm

图 13-6　某建筑平面图

$$+0.9 \times 0.24 + 1 \times 0.24 \times 2 + 1.2 \times 0.24 - 0.24 \times 0.12] \text{ m}^2$$
$$= (21.082 + 26.827 + 0.984 - 0.0228) \text{ m}^2 = 48.87 \text{ m}^2$$

1）拼花

块料面层拼花按最大外围尺寸以矩形面积计算。如图 13-7 所示。

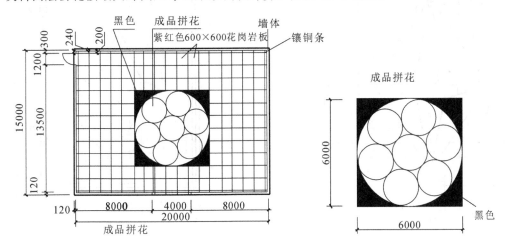

图 13-7　拼花示意图

2）拼色、镶边

块料面层拼色、镶边按设计图示尺寸以面积计算。

■ **例 13-4**　如图 13-8 所示，某大厅内地面用水泥砂浆镶贴花岗岩 300 m²，其中做下列图案花型：图案周围为芝麻灰色，中间为紫红色，紫红色外围为蒙古黑色。试计算该图案镶贴工程量。

【解】　拼花图案面积套用额定 01-11-2-7：
$$5.8 \times 9.6 \text{ m}^2 = 55.68 \text{ m}^2$$

其中，紫红色面积：
$$2.0 \times 2.0 \text{ m}^2 = 4 \text{ m}^2$$
$$\frac{1}{2} \times 3.8 \times 2.0 \times 2 \text{ m}^2 = 7.60 \text{ m}^2$$

157

$$\frac{1}{2} \times 1.9 \times 2.0 \times 2 \ \text{m}^2 = 3.80 \ \text{m}^2$$

蒙古黑色面积:

$$\frac{1}{2} \times 5.6 \times 1.1 \times 4 \ \text{m}^2 = 12.32 \ \text{m}^2$$

芝麻灰色面积:

$$[55.68 - (4 + 7.60 + 3.80) - 12.32] \ \text{m}^2 = 27.96 \ \text{m}^2$$

【解析】 块料面层拼花按最大外围尺寸以矩形面积计算,故中间菱形图案的面积为 $5.8 \times 9.6 \ \text{m}^2 = 55.68 \ \text{m}^2$;块料面层拼色按设计图示尺寸以面积计算,故按图案花型,分色分别计算其面积。

例 13-5 某地面垫层用 1∶3 水泥砂浆找平,用水泥砂浆贴 600×600 花岗岩板材,墙边用黑色板材镶边线 180 mm 宽,具体分格见图 13-9,贴好后应进行石材晶面处理,以达到理想的石材护理效果。试对该地面装饰列项计算工程量。

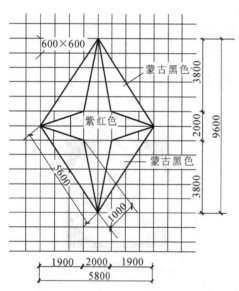

图 13-8 某大厅地面装饰

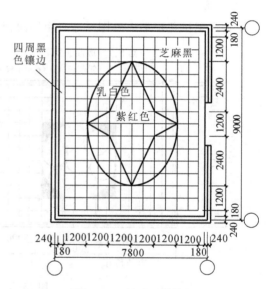

图 13-9 某地面装饰图

【解】 四周墙边黑色镶边面积套用定额 01-11-2-9:

$$[0.18 \times (7.56 + 8.76 - 0.18 \times 2) \times 2] \ \text{m}^2 = 5.75 \ \text{m}^2$$

中间紫白双色复杂图案花岗岩镶贴面积套用定额 01-11-2-7:

$$4.80 \times 6.00 \ \text{m}^2 = 28.80 \ \text{m}^2$$

芝麻黑镶贴面积套用定额 01-11-2-7:

$$(7.56 \times 8.76 - 28.80 - 5.75) \ \text{m}^2 = 31.68 \ \text{m}^2$$

石材晶面处理面积套用定额 01-11-2-12:

$$7.56 \times 8.76 \ \text{m}^2 = 66.23 \ \text{m}^2$$

【解析】 块料面层镶边按设计图示尺寸以面积计算,故黑色镶边按图示尺寸计算面积得 5.75 m^2;石材晶面处理按设计图示尺寸的石材表面积计算。

3) 点缀

计算规则:块料面层点缀按个计算,计算主体铺贴块料面层时,不扣除点缀所占面积。如图 13-10 所示。

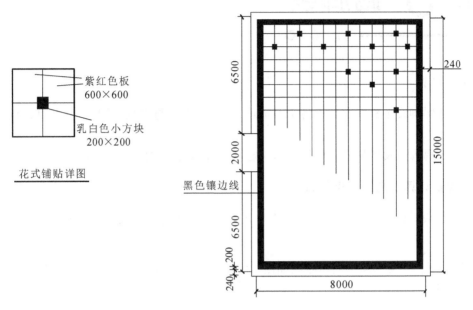

图 13-10　地面铺贴点缀示意图

4) 石材晶面

石材晶面处理就是利用晶面处理药剂,在专用晶面处理机的重压及其与石材摩擦产生的高温双重作用下。通过物化反应,在石材表面进行结晶排列,形成一层清澈、致密、坚硬的保护层,起到增加石材保养硬度和光泽度的作用。

计算规则:石材晶面处理按设计图示尺寸的石材表面积 $S(m^2)$ 计算。

任务 4　橡塑面层及其他材料面层

1. 定额说明

木地板基层与面层应分别套用相应定额子目。防静电活动地板与智能化活动地板的支架与配件在成品内考虑。

2. 工程量计算规则

橡塑面层及其他材料面层按设计图示尺寸以面积 $S(m^2)$ 计算。门洞、空圈、暖气包槽、壁龛的开口部分并入相应的工程量内。

橡塑面层及其他材料面层的工程计算规则同块料面层。

任务 **5** 踢脚线

1. 定额说明

（1）本章踢脚线定额取定高度为 120 mm。如设计高度与定额不同时，材料可以调整，其余不变。

（2）弧形踢脚线及楼梯段踢脚线按相应定额子目的人工乘以系数 1.15。

2. 工程量计算规则及实例解析

踢脚线按设计图示长度 L(m)计算，卷材踢脚线如与楼地面面层整体铺贴者，并入相应楼地面工程量内。

例 13-6 某房屋平面示意图如图 13-11 所示，室内铺复合地板及成品踢脚线，试列项计算其工程量。

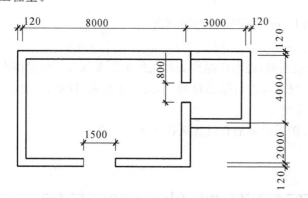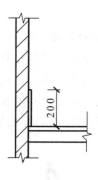

图 13-11 某房屋平面示意图

【解】 复合地板套用定额 01-11-4-10：

$[(8.00-0.24)\times(6.00-0.24)+(4.00-0.24)\times(3.00-0.24)+0.24\times0.8+0.12\times1.5]$ m²
$=55.447$ m²

成品踢脚线套用定额 01-11-5-9：

$[(8.00-0.24+6.00-0.24)\times2+(4.00-0.24+3.00-0.24)$
$\times2-1.50-0.80\times2+0.24\times3]$ m $=37.70$ m

【解析】 其他材料面层包括地毯、木地板等，其他材料面层按设计图示尺寸以面积计算。门洞、空圈、暖气包槽、壁龛的开口部分并入相应的工程量内。踢脚线按设计图示长度计算，应扣除洞口、空圈、垛、附墙烟囱等所占长度，但洞口侧壁长度相应增加。扣除 1500 mm 和 800 mm 门洞，门洞侧壁增加，800 mm 室内门洞侧壁增加墙厚 240×2 mm，1500 mm 室外门洞侧壁增加半墙厚 120×2 mm。

任务 **6** 楼梯面层

1. 定额说明

（1）楼梯面层定额子目内不包括楼梯底面抹灰及靠墙踢脚线，另按相应定额执行。楼梯及台阶块料面层侧面与牵边按相应零星定额子目执行。

（2）弧形楼梯面层按相应定额子目的人工乘以系数 1.20。

（3）楼梯地毯定额子目不包括踏步的压棍、压板。踏步的压棍、压板另套用相应定额子目。

（4）楼梯水泥砂浆找平子目，仅适用于单独做找平层项目。

2. 工程量计算规则及实例解析

1）楼梯面层

如图 13-12 所示，楼梯面层按设计图示尺寸以楼梯（包括踏步、休息平台及≤500 mm 的楼梯井）水平投影面积 $S(m^2)$ 计算。楼梯与楼地面相连时，算至梯口梁内侧边沿；无梯口梁者，算至最上一层踏步边沿加 300 mm。

计算公式：

当 $b > 500$ 时：

$$S = (L \times B - 楼梯井所占面积) \times (n-1)$$

当 $b \leqslant 500$ 时：

$$S = (L \times B) \times (n-1)$$

式中：n 为有楼梯间的建筑物的层数。

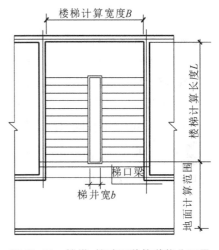

图 13-12　楼梯、楼地面装饰装修分区图

2）楼梯地毯

楼梯不满铺地毯按设计图示展开面积 $S(m^2)$ 计算。楼梯地毯周边线按设计图示展开长度 $L(m)$ 计算。楼梯、台阶踏步铺地毯的压棍按套计算，压板按设计图示长度 $L(m)$ 计算。楼梯踏步的防滑条工程量，按踏步两端距离减 300 mm 以延长米 $L(m)$ 计算。

计算公式：

$$防滑条 L = (楼梯踏步宽 - 300 \text{ mm}) \times 踏步个数$$

3）螺旋楼梯

对于螺旋楼梯的水平投影面积 $S(m^2)$，可按下式计算：

$$螺旋楼梯水平投影面积 = BH\sqrt{1 + \left(\frac{2\pi R_{平}}{h}\right)}$$

式中：B——楼梯宽度；

　　　H——螺旋梯全高；

h——螺距；

$R_平 \dfrac{R+r}{2}$，r 为内圆半径，R 为外圆半径。

螺旋楼梯的内外侧面面积等于内（外）边螺旋长乘侧高。

$$内边螺旋长 = H\sqrt{1+\left(\dfrac{2\pi r}{h}\right)^2} \qquad 外边螺旋长 = H\sqrt{1+\left(\dfrac{2\pi R}{h}\right)^2}$$

例 13-7 某房屋楼梯平面如图 13-13 所示，设计为水磨石面层，试计算其工程量。

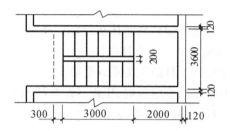

图 13-13 某房屋楼梯平面

【解】 楼梯水磨石面层套用定额 01-11-6-7：

工程量 $S = (0.30+3.00+2.00-0.12)\times(3.60-0.24)\ \mathrm{m}^2 = 17.4048\ \mathrm{m}^2$

【解析】 楼梯面层按设计图示尺寸以楼梯（包括踏步、休息平台及≤500 mm 的楼梯井）水平投影面积计算。楼梯与楼地面相连时，算至梯口梁内侧边沿。图 13-13 中楼梯井宽度为 200 mm＜500 mm，不扣除；梯口梁宽度为 300 mm，算至其内侧边沿。

例 13-8 某楼梯如图 13-14 所示，同走廊连接，墙厚 240 mm，梯井 60 mm 宽，楼梯满铺芝麻白大理石，试计算其大理石面层的工程量。

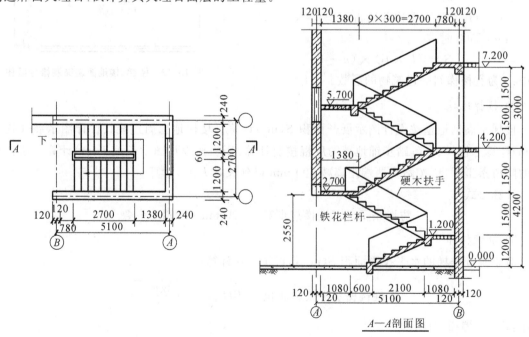

图 13-14 楼梯平面图及剖面图

【解】 石材楼梯面层套用定额 01-11-6-1：

$$工程量\ S = \{[(2.7+1.38+0.3)\times(2.7-0.24)]\times(3-1)$$
$$+2.1\times1.23+1.08\times(2.7-0.24)\}\ \mathrm{m}^2$$
$$=(21.55+5.24)\ \mathrm{m}^2 = 26.79\ \mathrm{m}^2$$

【解析】 图 13-14 中标高 0.000~1.200 为 7 级踏步，其余均为 9 级踏步，故分为两段分别计算楼梯大理石面层工程量。

任务 **7** 台阶装饰

1. 定额说明

楼梯及台阶块料面层侧面及牵边按相应零星定额子目执行。

2. 工程量计算规则及实例解析

台阶的牵边（见图 13-15），是指楼梯、台阶踏步的端部为防止流水直接从踏步端部流出的构造做法。翼墙：坡道或台阶两边的挡墙。

计算规则：如图 13-16 和图 13-17 所示，台阶面层按设计图示尺寸以台阶（包括最上层踏步边沿加 300 mm）水平投影面积 $S(\mathrm{m}^2)$ 计算。

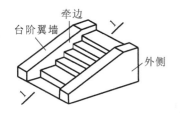

图 13-15　台阶示意图

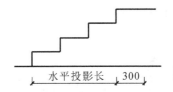

图 13-16　台阶面层计算范围示意图

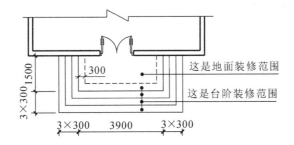

图 13-17　台阶、地面装饰装修分区图

例 13-9 某办公楼入口台阶如图 13-18 所示，花岗岩贴面，试计算其台阶面层工程量。

【解】 台阶花岗岩面层套用定额 01-11-7-1：

工程量 $S=[(4+0.3\times2)\times(0.3\times2+0.3)+(3.0-0.3)\times(0.3\times2+0.3)]$ m² $=(4.6\times0.9+2.7\times0.9)$ m² $=6.57$ m²

【解析】 台阶面层按设计图示尺寸以台阶(包括最上层踏步边沿加 300 mm)水平投影面积计算。图 13-18 中,横竖两个方向均应包括最上层踏步边沿加 300 mm 的水平投影面积。

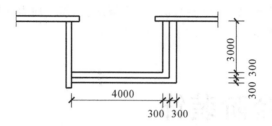

图 13-18　某办公楼入口台阶示意图

任务 8　零星装饰

1. 定额说明

零星项目适用于楼梯及台阶侧面与牵边、蹲台等以及面积在 0.5 m² 以内且未列的子目。

2. 工程量计算规则及实例解析

零星装饰项目按设计图示尺寸以面积 S(m²)计算。

任务 9　分隔嵌条、防滑条

1. 定额说明

分格嵌条、防滑条的材质、规格与定额取定不同时,材料可以调整,其余不变。

2. 工程量计算规则及实例解析

分格嵌条、防滑条、地面分仓缝均按设计图示尺寸以长度 L(m)计算。

例 13-10　某商店平面示意图如图 13-19 所示,地面做法:C20 细石混凝土找平层 60 厚(商砼),1∶2.5 白水泥色石子水磨石面层 20 mm 厚,15 mm×2 mm 铜条分隔,距墙柱边 300 mm 范围内按纵横 1 m 宽分格,试列项计算工程量。

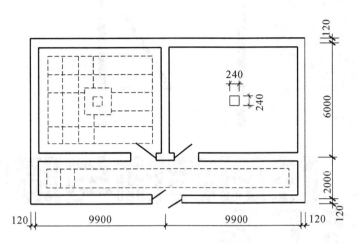

图 13-19　某商店平面示意图

【解】　(1) 水磨石整体面层套用定额 01-11-1-3：

工程量 $S=[(9.9-0.24)\times(6-0.24)\times2+(9.9\times2-0.24)\times(2-0.24)]$ m^2＝145.71 m^2

(2) 15 mm×2 mm 铜条套用定额 01-11-9-1：

工程量 $L=\{(9.90-0.24-0.3-0.3)\times[(6.00-0.24-0.3-0.3)\div1.00+1]+(6.00-0.24-0.3-0.3)\times[(9.90-0.24-0.3-0.3)\div1.00+1]+(9.90\times2-0.24-0.3-0.3)\times[(2-0.24-0.3-0.3)\div1.00+1]+(2.00-0.24-0.3-0.3)\times[(9.9\times2-0.24-0.3-0.3)\div1.00+1]\}$ m＝171.826 m

(3) 细石混凝土找平层套用定额 01-11-1-17：

经计算得 145.71 m^2。

墙、柱面装饰与隔断、幕墙工程

学习目标

本单元主要介绍了墙柱面抹灰工程、墙柱面镶贴块料工程、墙柱面饰面工程、隔墙与隔断工程、幕墙工程的工程量计算方法。

通过学习要求熟悉各种墙柱面装饰的种类及定额项目,掌握定额计价方式下墙柱面装饰工程量的计算规则及方法。

任务 1 定额项目设置及相关知识

1. 定额项目设置

本章定额共包括 10 节 186 个子目,定额项目组成见表 14-1。

表 14-1　墙、柱面装饰与隔断、幕墙工程项目组成表

章	节	子　　　目	
墙、柱面装饰与隔断、幕墙工程	墙面抹灰 01-12-1-1 ～26	一般抹灰外墙、内墙,钢板网墙,墙面找平层,墙柱面刷素水泥浆,玻纤网格布铺贴,钢丝网铺钉,钢板网铺钉,墙柱面界面处理剂喷涂,墙柱面界面砂浆混凝土面、砌块面,装饰线条抹灰普通线条、复杂线条,薄层灰泥墙面,石膏面层批嵌 1 mm 厚,石膏砂浆墙柱面抹灰,装饰抹灰拉毛墙面,装饰抹灰假面砖墙面,水刷石墙面,斩假石墙面,干混砂浆勾缝毛石挡土墙、石墙面凹缝、石墙面凸缝	
	柱(梁)面抹灰 01-12-2-1～5	一般抹灰柱、梁面,柱、梁面找平层,装饰抹灰柱、梁面水刷石、斩假石	
	零星抹灰 01-12-3-1～8	一般抹灰阳台、雨篷,垂直遮阳板、栏板、池、槽 一般抹灰零星项目,零星项目找平层 装饰抹灰零星项目水刷石、斩假石	
	墙面块料面层 01-12-4-1 ～34	石材墙面干混砂浆挂贴、干混砂浆铺贴、黏合剂粘贴 干挂石材内墙面,背栓干挂石材外墙面密缝、勾缝 凹凸毛石块墙面干混砂浆铺贴,薄片石材墙面黏合剂粘贴	
		碎拼石材墙面 面砖稀缝墙面 假麻石砖墙面 金属面砖墙面 劈离砖墙面 陶瓷锦砖墙面 瓷砖墙面	干混砂浆铺贴、黏合剂粘贴
		瓷砖墙面仿马赛克嵌缝 瓷砖阴阳角条(压顶条)干混砂浆铺贴、黏合剂粘贴,瓷砖(面砖)倒角 背栓干挂面砖墙面,波形面砖墙面干混砂浆铺贴 玻化砖墙面黏合剂粘贴	
	柱(梁)面镶贴块料 01-12-5-1 ～22	石材方柱面、石材圆柱面、石材方柱包圆柱面干混砂浆挂贴 石材方柱面干混砂浆铺贴、黏合剂粘贴、干挂 凹凸毛石块柱面干混砂浆铺贴,薄片石材柱面黏合剂粘贴	
		假麻石砖柱面 陶瓷锦砖柱(梁) 瓷砖柱(梁)	干混砂浆铺贴、黏合剂粘贴
		波形面砖柱面干混砂浆铺贴、碎拼石材柱面干混砂浆铺贴、黏合剂粘贴 石材梁面干挂,薄片石材梁面黏合剂粘贴 假麻石砖梁面干混砂浆铺贴、黏合剂粘贴 玻化砖柱(梁)面黏合剂粘贴	

章	节		子　目	
墙、柱面装饰与隔断、幕墙工程	镶贴零星块料 01-12-6-1 ～18		石材零星项目干混砂浆挂贴、干混砂浆铺贴、黏合剂粘贴 凹凸毛石块零星项目干混砂浆铺贴，薄片石材零星项目黏合剂粘贴	
		面砖零星项目 假麻石砖零星项目 金属面砖零星项目 陶瓷锦砖零星项目 瓷砖零星项目 碎拼石材零星项目	干混砂浆铺贴、黏合剂粘贴	
		玻化砖零星项目黏合剂粘贴		
	墙饰面 01-12-7-1 ～37	龙骨	木龙骨基层 轻钢龙骨 铝合金龙骨 型钢龙骨内墙、柱(梁)面、外墙、柱(梁)面	
		基层	胶合板、细工木板、FC板	
		面层	面层钢板网铺钉在木龙骨上、钢板网铺钉在基层上 面层胶合板、嵌镶拼花胶合板面层、隔音板、硬木板条墙 面层纸面石膏板，基层纸面石膏板增加一层 面层竹片墙、铝合金装饰条板、电化铝板、塑铝板 面层不锈钢板、镭射玻璃、镜面玻璃 面层贴丝绒、粘贴成品硬(软)包板 面层粘贴成品木饰面板、挂贴成品木饰面板 面层成品涂装板(在龙骨上粘贴)、成品涂装板(在龙骨上干挂) 面层背栓干挂成品玻璃纤维增强石膏板、粘贴成品装饰浮雕、干挂装饰浮雕(加强型)	
	柱(梁)饰面 01-12-8-1 ～15	木龙骨	方柱面、圆柱面、方柱包圆形柱面	
		夹板基层	矩形柱(梁)面、圆形柱面	
		柱(梁)面层	不锈钢板、镁铝曲板，柱面层镭射玻璃、镜面玻璃 包合成革、干挂搪瓷钢板、铝(塑)板	
		装饰柱木质、玻璃纤维增强石膏、石材		
	幕墙工程 01-12-9-1～8	幕墙基层铝龙骨，幕墙面层节能安全玻璃、铝(塑)板 幕墙成品单元式、防火隔离带(100×240) 全玻璃幕墙挂式、点式、金属拉索式		
	隔断 01-12-10-1 ～13	花式硬木隔断直栅漏空、成品安装 铝合金条板隔断，铝合金玻璃隔断 硬木玻璃隔断半玻璃、全玻璃，无框玻璃隔断 塑钢隔断半玻璃、全玻璃 浴厕间壁，可折叠式隔断，玻璃砖隔断全砖，内衬隔音棉		

2. 相关知识

1) 概念

墙面装饰的基本构造:包括底层、中间层、面层三部分,如图 14-1、图 14-2 所示。

底层:经过对墙体表面做抹灰处理,将墙体找平并保证与面层连接牢固。

中间层:底层与面层连接的中介,使连接牢固可靠,可防潮、防腐、保温隔热、通风。

面层:墙体装饰层。

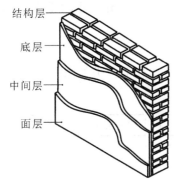

图 14-1　抹灰类墙面构造

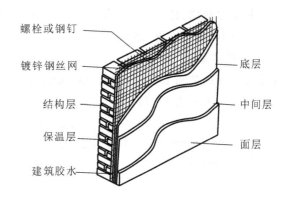

图 14-2　外保温复合墙体构造

2)墙面装饰的分类

墙、柱面装饰装修工程分湿作业和干作业两大类。

3)湿作业墙柱面

湿作业墙柱面装饰工程包括:一般抹灰、装饰抹灰、镶贴块料面层等。

(1)一般抹灰。

一般抹灰所用的材料有:水泥砂浆、水泥混合砂浆、聚合物水泥砂浆、膨胀珍珠岩水泥砂浆、石灰砂浆、麻刀灰、纸筋灰、石膏灰等。

一般抹灰按建筑物使用标准分为普通抹灰、中级抹灰和高级抹灰。普通抹灰,一底一面,内墙厚度 18 mm,外墙厚度 20 mm,适用简易住宅,大型临时设施、仓库等;中级抹灰,一底一中一面,厚度一般为 20 mm,适用一般住宅和公共建筑、工业建筑等;高级抹灰,一底二中一面,总厚度一般为 25 mm,适用于大型公共建筑、纪念性建筑以及有特殊功能要求的高级建筑物。

(2)装饰抹灰。

装饰抹灰的底层和中间层与一般抹灰相同,但面层材料有区别,装饰抹灰的面层材料主要有:水刷石、斩假石、干粘石、假面砖、拉条灰、拉毛灰、甩毛灰、扒拉石、喷涂、滚涂等的抹灰。

图 14-3 和图 14-4 所示分别为斩假石饰面和水刷石饰面分层构造示意图。

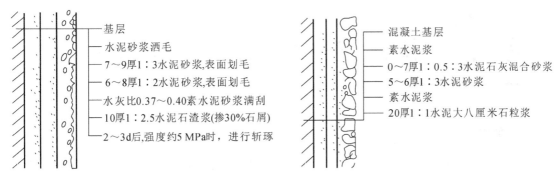

图 14-3　斩假石饰面分层构造示意图　　　　图 14-4　水刷石饰面分层构造示意图

（3）镶贴块料面层。

墙柱面镶贴块料面层种类与楼地面相似。小规格的块料（一般变成在 400 mm 以下）采用粘贴法施工。大规格的板材（大理石、花岗岩等）采用挂贴法（灌浆固定法）或干挂法（扣件固定法）。

勾缝指清水砖墙、砖柱的加浆勾缝，不是原浆勾缝。勾缝类型主要有平缝、平凹缝、平凸缝、半圆凹缝、半圆凸缝和三角凸缝等。

4）干作业墙柱面

干作业墙柱面装饰工程包括木装饰、木隔断和其他隔断。干作业分类如图 14-5 所示；湿、干作业装饰分类表见表 14-2。

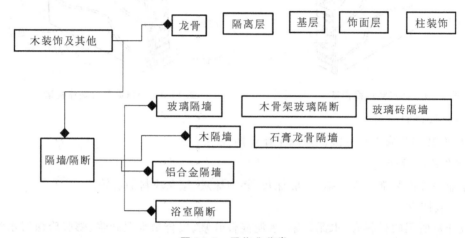

图 14-5　干作业分类

表 14-2　湿、干作业装饰分类表

湿作业类	一般抹灰	石灰砂浆、水泥混合砂浆、水泥砂浆、聚合物水泥砂浆、麻刀灰、纸筋灰等
	装饰抹灰	水刷石、斩假石、水磨石
	镶贴块料面层	与楼地面相似，板材（大理石、花岗石等）采用挂贴法（灌浆固定法）或干挂法（扣件固定法）施工
干作业类		水龙骨、轻钢龙骨、铝合金龙骨； 面层材料：镜面玻璃、玻璃砖、铝合金装饰板、彩钢板、不锈钢装饰板、塑料装饰板、宝丽板、胶合板、纤维板、装饰石膏板等

任务 2　墙面、柱（梁）面、零星抹灰

1.定额说明

（1）抹灰子目中砂浆配合比与设计不同者，可以调整；如设计厚度与定额取定厚度不符时，按相应增减厚度子目调整。砂浆按中级标准，抹灰砂浆分层厚度详见表 14-3。

表 14-3　墙柱面一般抹灰　　　　　　　　　　　　　　　　　　mm

项　目		底　层		面　层		总　厚　度
		砂　浆	厚　度	砂　浆	厚　度	
一般抹灰	内墙	干混抹灰砂浆 DP M10.00	13	干混抹灰砂浆 DP M10.00	7	20
	外墙	干混抹灰砂浆 DP M10.00	13	干混抹灰砂浆 DP M10.00	7	20
	钢板墙	干混抹灰砂浆 DP M10.00	15	干混抹灰砂浆 DP M10.00	5	20
	柱面	干混抹灰砂浆 DP M15.00	10	干混抹灰砂浆 DP M15.00	7	17
单刷素水泥砂浆一道				素水泥砂浆	1	1

（2）圆弧形等不规则墙面抹灰及镶贴块料面层按墙面相应定额子目的人工乘以系数 1.15。

（3）女儿墙（包括泛水、挑砖）内侧抹灰工程量按其投影面积计算（块料按展开面积计算）；女儿墙无泛水挑砖者，按墙面相应定额子目的人工乘以系数 1.10，女儿墙带泛水挑砖者，人工乘以系数 1.30，女儿墙外侧并入外墙计算。

（4）窗间墙的单独抹灰及镶贴块料面层按墙面相应定额子目的人工乘以系数 1.25。

（5）墙、柱、梁面及零星项目找平层定额仅适用于单独做找平层的项目。

（6）墙、柱、梁面抹灰及镶贴块料定额子目不包括刷素水泥浆、刷素水泥浆执行本章墙、柱面刷素水泥浆定额子目。

（7）阳台、雨篷抹灰定额中已综合了底面、上面、侧面及悬臂梁等的全部抹灰面积。

（8）抹灰及镶贴块料的"零星项目"适用于天沟、水平遮阳板、窗台板、压顶、池槽（镶贴块料）、花台、展开宽度大于 300 mm 的门窗套、挑檐、竖横线条以及小于等于 0.5 m² 的其他各种零星项目。

（9）装饰线条适用于凸出墙面且展开宽度小于等于 300 mm 的门窗套、挑檐、竖横线条等抹灰。三道线以内为普通线条，三道线以外为复杂线条。

2. 工程量计算规则及实例解析

1）墙面抹灰

（1）内墙抹灰。

内墙抹灰面按设计图示主墙间净长乘以高度以面积计算，扣除墙裙、门窗洞口及单个>0.3 m² 的孔洞所占面积，不扣除踢脚线、挂镜线及≤0.3 m² 的孔洞和墙与构件交接处（见图 14-6）的面积。门窗洞口、孔洞的侧壁及顶面面积亦不增加，附墙柱、梁、垛的侧面并入相应墙面、墙裙抹灰工程量内计算。

① 无墙裙者，高度按室内楼地面至天棚底面计算。

② 有墙裙者，高度按墙裙顶至天棚底面计算。如墙裙与墙面抹灰种类相同者，工程量合并计算。

③ 有吊顶天棚者，高度算至天棚底面。

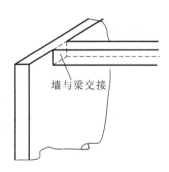

墙与梁交接

图 14-6　墙与构件交接处

（2）内墙裙抹灰。

内墙裙抹灰面按内墙净长乘以高度计算，扣除门窗洞口及＞0.3 m²的孔洞所占面积，门窗洞口及孔洞侧壁面积亦不增加。

例 14-1　某工程如图 14-7 所示，内墙面抹水泥砂浆，底层为 14 mm 厚 1：3 水泥砂浆打底，面层为 6 mm 厚 1：2.5 水泥砂浆抹面；内墙裙采用 19 mm 厚 1：3 水泥砂浆打底，6 mm 厚水刷石面层，计算内墙面抹灰工程量。

M：1000 mm×2700 mm　C：1500 mm×1800 mm。

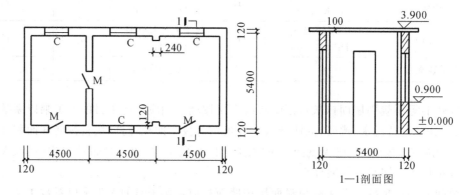

图 14-7　某工程平面图及剖面图

【解】　内墙面抹灰套用定额 01-12-1-2：

$$内墙面抹灰工程量 = \{[(4.5-0.24)+(5.4-0.24)] \times 2 \times (3.9-0.1-0.9)-1 \\ \times (2.7-0.9) \times 2-1.5 \times 1.8+[(4.5 \times 2-0.24)+(5.4-0.24)] \\ \times 2 \times (3.9-0.1-0.9)-1 \times (2.7-0.9) \times 2-1.5 \times 1.8 \times 3+0.12 \\ \times (3.9-0.1-0.9) \times 4\} \ m^2 \\ = (48.336+69.036+1.392) \ m^2 = 118.764 \ m^2$$

内墙裙套用定额 01-12-1-22：

$$内墙裙工程量 = \{[(4.5-0.24)+(5.4-0.24)] \times 2-2\} \times 0.9+\{[(4.5 \times 2-0.24) \\ +(5.4-0.24)] \times 2-2+0.12 \times 4\} \times 0.9 \ m^2 \\ = (15.156+23.688) \ m^2 = 38.844 \ m^2$$

【解析】　内墙抹灰，有墙裙者，高度按墙裙顶至天棚底面计算。如墙裙与墙面抹灰种类相同者，工程量合并计算。附墙柱、垛的侧面并入相应墙面、墙裙抹灰工程量内计算。图 14-7 中，可分为左右两间分别计算内墙净长，再乘以墙面抹灰高度，附墙垛侧面 0.12×4 并入相应墙面工程量，计算得内墙抹灰工程量。由 1—1 剖面图可知，窗口下沿标高 0.9 m，墙裙未被窗户隔断，故计算墙裙工程量时，只需扣减门的面积。

（3）外墙抹灰。

外墙抹灰面按垂直投影面积计算，扣除外墙裙、门窗洞口和单个＞0.3 m²的孔洞所占面积，不扣除≤0.3 m²的孔洞所占面积，门窗洞口及孔洞侧壁面积亦不增加。附墙柱、梁、垛侧面抹灰面积并入相应墙面、墙裙工程量内计算。

（4）外墙裙抹灰。

外墙裙抹灰按设计长度乘以高度计算，扣除门窗洞口及＞0.3 m²的孔洞所占面积，门窗洞口及孔洞侧壁面积亦不增加。

例 14-2 某工程如图 14-8 所示,外墙面抹水泥砂浆,底层为 14 mm 厚 1:3 水泥砂浆打底,面层为 6 mm 厚 1:2.5 水泥砂浆抹面;外墙裙采用水刷石 12 mm 厚 1:3 水泥砂浆打底,素水泥浆刷两遍 10 mm 厚 1:2.5 水泥白石子,计算外墙面抹灰和外墙裙装饰抹灰工程量。

M:1000 mm×2500 mm,C:1200 mm×1500 mm。

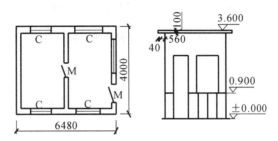

图 14-8 某工程平面图及东立面图

【解】 外墙面水泥砂浆套用定额 01-12-1-1:

外墙面水泥砂浆工程量=[(6.48+4.00)×2×(3.6-0.10-0.90)-1.00×(2.50-0.90)-1.20×1.50×5] m² =43.90 m²

外墙裙水泥白石子套用定额 01-12-1-22:

外墙裙水泥白石子工程量=[(6.48+4.00)×2-1.00]×0.90 m² =17.96 m²

【解析】 外墙抹灰面按垂直投影面积计算,扣除外墙裙、门窗洞口和单个>0.3 m²的孔洞所占面积,不扣除≤0.3 m²的孔洞所占面积,门窗洞口及孔洞侧壁面积亦不增加。图 14-8 中,用外墙外边线长度乘以外墙裙顶至屋面板底的高度,计算得外墙抹灰面的垂直投影面积,再扣减门窗洞口面积。

(5)线条抹灰按设计图示尺寸以面积计算。

(6)墙面勾缝按设计图示尺寸以面积计算,扣除墙裙、门窗洞口及单个>0.3 m²的孔洞所占面积;门窗洞口及孔洞侧壁面积亦不增加。附墙柱、垛侧面勾缝面积并入墙面勾缝工程量内计算。

(7)界面砂浆、界面处理剂按实际涂、喷面积计算。

2)柱(梁)面抹灰

(1)柱面抹灰按设计图示周长乘高度以面积计算。带牛腿者,牛腿工程量并入相应柱工程量内。

(2)梁面抹灰按设计图示梁断面周长乘长度以面积计算。

3)零星抹灰

(1)阳台、雨篷抹灰按设计图示尺寸以水平投影面积计算。

(2)垂直遮阳板、栏板(包括立柱、扶手或压顶等)抹灰按设计图示尺寸以垂直投影面积乘以系数 2.2 计算。

(3)池槽抹灰及其他"零星项目"按设计图示尺寸以展开面积计算。

例 14-3 如图 14-9 所示,求挑檐抹水泥砂浆工程量(做法:挑檐外抹 20 mm 厚1:2.5水泥砂浆)。

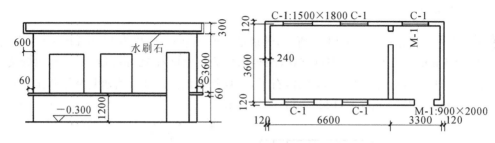

图 14-9 某工程立面图和平面图

【解】

挑檐套用定额 01-12-3-4：

挑檐长：(6.6＋3.3＋0.24＋0.6×2＋4.5＋0.24＋0.6×2)×2 m＝34.56 m

挑檐宽：0.3 m。

挑檐抹水泥砂浆工程量：

$$34.56 \times 0.3 \text{ m}^2 = 10.368 \text{ m}^2$$

【解析】 抹灰及镶贴块料的"零星项目"适用于天沟、水平遮阳板、窗台板、压顶、池槽(镶贴块料)、花台、展开宽度＞300 mm 的门窗套、挑檐、竖横线条以及≤0.5 m² 的其他各种零星项目。池槽抹灰及其他"零星项目"按设计图示尺寸以展开面积计算。

任务 3 墙面、柱(梁)面、镶贴零星块料面层

1.定额说明

(1)圆弧形等不规则墙面抹灰及镶贴块料面层按墙面相应定额子目的人工乘以系数 1.15。

(2)窗间墙的单独抹灰及镶贴块料面层按墙面相应定额子目的人工乘以系数 1.25。

(3)墙、柱、梁面抹灰及镶贴块料定额子目不包括刷素水泥浆。刷素水泥浆执行本章墙、柱面刷素水泥浆定额子目。

(4)抹灰及镶贴块料的"零星项目"适用于天沟、水平遮阳板、窗台板、压顶、池槽(镶贴块料)、花台、展开宽度＞300 mm 的门窗套、挑檐、竖横线条以及≤0.5 m² 的其他各种零星项目。

2.工程量计算规则及实例解析

1)墙面块料面层

(1)墙面镶贴块料面层。

墙面镶贴块料面层,按设计图示饰面面积计算。

如图 14-10 所示,内墙饰面周长与抹灰周长的区别：

$$饰面周长 = (A + 2a + B + 2b) \times 2$$

$$抹灰周长 = (A + B) \times 2$$

其中, A、B 为结构尺寸;a、b 为饰面层厚度。

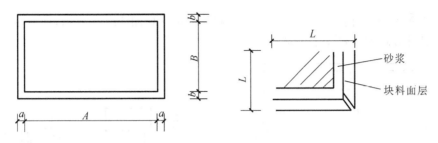

图 14-10　饰面尺寸示意图

(2) 阴阳角条。

如图 14-11 所示,阴阳角条按设计图示长度计算,瓷砖倒角按设计要求的块料倒角长度计算。

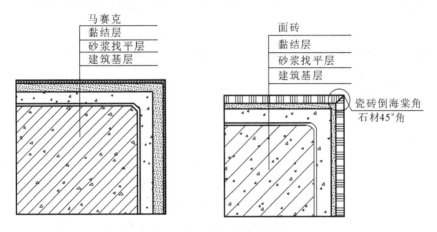

图 14-11　阳角、倒角大样图

■ **例 14-4**　某工程楼面建筑平面图如图 14-12 所示,该建筑内墙净高为 3.3 m,窗台高 900 mm。设计内墙为 20 mm 厚水泥砂浆,贴 600 mm×600 mm×8 mm 瓷砖,计算内墙瓷砖、阴阳角条工程量(M-1、M-2 为 900 mm×2400 mm,不考虑门窗框宽度,C-1 为 1500 mm×1800 mm,门窗均居墙中安装)。

【解】　瓷砖内墙套用定额 01-12-4-24:

$$
\begin{aligned}
工程量\ S &= [3.3\times(4.5-0.24-0.028\times2+6-0.24-0.028\times2)\times2\times2-0.9\times2.4\times3 \\
&\quad -1.8\times1.5\times2+0.12\times(0.9+2.4\times2)\times3+0.12\times(1.5+1.8)\times2\times2]\ \text{m}^2 \\
&= (130.786-6.48-5.4+2.052+1.584)\ \text{m}^2 = 122.542\ \text{m}^2
\end{aligned}
$$

阴阳角条套用定额 01-12-4-28:

$$工程量\ L = [3.3\times8+(0.9+2.4\times2)\times2+(1.5+1.8)\times2\times2]\ \text{m} = 51\ \text{m}$$

【解析】　墙面镶贴块料面层,按设计图示饰面面积计算。图 14-12 中,轴线尺寸减去墙厚再减去水泥砂浆及瓷砖厚度为饰面尺寸。

阴阳角条按设计图示长度计算,瓷砖转角处包括墙角 8 处、门 9 处、窗 8 处。

2) 柱(梁)面镶贴块料

(1) 柱镶贴块料。

柱镶贴块料面层按设计图示饰面外围尺寸乘以高度以面积计算。带牛腿者,牛腿工程量并入相应柱工程量内。

例 14-5 某大门砖柱有 4 根,砖柱块料外围尺寸如图 14-13 所示,面层水泥砂浆贴玻璃马赛克。试计算玻璃马赛克工程量。

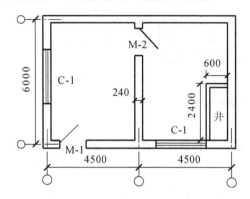

图 14-12 某工程平面图　　图 14-13 砖柱构造示意图及柱镶贴马赛克断面图

【解】 套用定额 01-12-5-11:

2.2 m 高的柱面镶贴马赛克:

$$工程量 = (0.6+1.0) \times 2 \times 2.2 \times 4 \ m^2 = 28.16 \ m^2$$

柱顶和柱脚镶贴马赛克:

$$工程量 = [(0.76+1.16) \times 2 \times 0.2 + (0.68+1.08) \times 2 \times 0.08] \times 2 \times 4 \ m^2 = 8.40 \ m^2$$

$$玻璃马赛克总工程量 = (28.16+8.40) \ m^2 = 36.56 \ m^2$$

【解析】 柱镶贴块料面层按设计图示饰面外围尺寸乘以高度以面积计算。

题设图 14-13 中尺寸为饰面外围尺寸,故直接读取计算工程量。柱顶和柱脚为四周侧面及上下面部分镶贴马赛克。

例 14-6 某建筑物有钢筋混凝土柱 8 根,如图 14-14、图 14-15 所示,若柱面挂贴花岗岩面层,试计算其工程量。

【解】 套用定额 01-12-5-1:

柱身挂贴花岗岩工程量:

$$0.64 \times 4 \times 3.2 \times 8 \ m^2 = 65.536 \ m^2$$

花岗岩柱帽工程量:

$$\frac{1}{2} \sqrt{0.15^2 + 0.05^2} \times (0.64 \times 4 + 0.74 \times 4) \times 8 \ m^2 = 3.491 \ m^2$$

柱面、柱帽工程量合计:

$$(65.536 + 3.491) \ m^2 = 69.027 \ m^2$$

【解析】 柱镶贴块料面层按设计图示饰面外围尺寸乘以高度以面积计算。计算外围尺寸应在拐角处加上砂浆厚度和块料面层之和的尺寸计算工程量。

花岗岩柱帽工程量按图示尺寸展开面积计算,本例柱帽为倒置四棱台,即应计算四棱台的斜表面积,公式为:四棱台全斜表面积=1/2×斜高×(上面的周边长+下面的周边长)。

(2)梁镶贴块料。

梁镶贴块料面层按设计图示饰面外围尺寸乘以长度以面积计算。

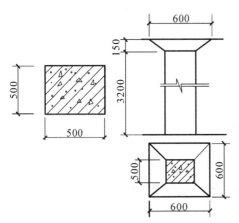

图 14-14　钢筋混凝土柱构造示意图

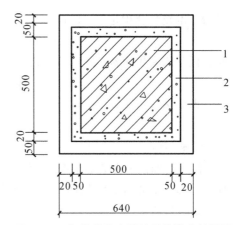

图 14-15　钢筋混凝土柱挂贴花岗岩板断面

1—钢筋混凝土柱体；2—50 mm 厚 1：2 水泥砂浆灌浆；

3—20 mm 厚花岗岩板

3）镶贴零星块料

镶贴零星块料面层按设计图示饰面外围尺寸以展开面积计算。

任务 4　墙、柱（梁）饰面

1. 定额说明

（1）墙、柱、梁饰面及隔断定额子目中的龙骨间距、规格如与设计不同时，允许调整。

（2）木龙骨基层定额按双向编制，如设计为单向时，人工、材料乘以系数 0.55。

（3）柱饰面面层定额按矩形柱编制，如遇圆形者，按相应柱饰面面层子目人工乘以系数 1.10。

（4）如设计要求做防腐或防火处理者，按"油漆、涂料、裱糊工程"相应定额子目执行。

2. 工程量计算规则及实例解析

1）墙饰面

（1）墙饰面的龙骨、基层、面层。

墙饰面的龙骨、基层、面层均按设计图示饰面尺寸以面积计算，扣除门窗洞口及单个＞0.3 m² 的孔洞所占面积，不扣除≤0.3 m² 的孔洞所占面积，门窗洞口及孔洞侧壁面积亦不增加。

（2）型钢骨架。

墙饰面外墙及内墙型钢骨架按设计图示尺寸以质量计算。

（3）装饰浮雕。

装饰浮雕按设计图示尺寸以面积计算。

例 14-7　　如图 14-16 所示，试计算墙饰面工程量。

【解】 木龙骨套用定额 01-12-7-4：

$$工程量 = 6 \times 3 \ m^2 = 18 \ m^2$$

胶合板基层套用定额 01-12-7-11：

$$工程量 = 18 \ m^2$$

胶合板面层套用定额 01-12-7-16：

$$工程量 = 18 \ m^2$$

2）柱（梁）饰面

（1）柱（梁）饰面的龙骨、基层、面层。

柱（梁）饰面的龙骨、基层、面层均按设计图示饰面外围尺寸以面积计算。

（2）成品装饰柱。

成品装饰柱按设计图示以长度计算。

例 14-8 木龙骨，三夹板基层，镜面不锈钢板（0.8 mm），柱面尺寸如图 14-17 所示，龙骨断面尺寸为 30 mm×40 mm，间距为 250 mm，试计算其工程量。

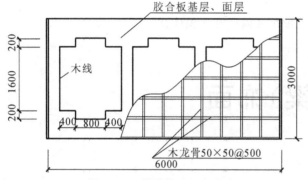
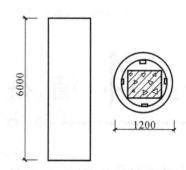

图 14-16 某墙饰面示意图   图 14-17 不锈钢柱面装饰示意图

【解】 木龙骨套用定额 01-12-8-3：

$$工程量 = \pi DH = \pi \times 1.20 \times 6.00 \times 4 \ m^2 = 90.478 \ m^2$$

基层套用定额 01-12-8-5：

$$工程量 = 90.478 \ m^2$$

柱面装饰套用定额 01-12-8-6：

$$工程量 = 90.478 \ m^2$$

任务 **5** 幕墙工程

1. 定额说明

（1）带骨架幕墙定额按幕墙骨架基层与幕墙面层分别编列子目。

（2）玻璃幕墙中的玻璃按成品玻璃考虑；幕墙已包含封边、封顶、四周收口；曲面、异形幕墙按相应定额子目的人工乘以系数 1.15。型材、挂件如设计用量与定额取定用量不同时,可以调整。

（3）幕墙饰面中的结构胶与耐候胶如设计用量与定额取定用量不同时,消耗量按设计计算用量加 15％的施工损耗计算。

（4）玻璃幕墙设计带有平、推拉窗者,并入幕墙面积计算,窗的型材用量可以调整。

（5）玻璃幕墙型钢骨架,按墙饰面外墙型钢骨架子目执行。预埋铁件按"混凝土及钢筋混凝土工程"相应定额子目执行。

2. 工程量计算规则及实例解析

（1）全玻幕墙按设计图示尺寸以面积计算,带肋全玻璃幕墙按展开面积计算。

（2）带骨架玻璃幕墙、铝板幕墙按设计图示框外围尺寸以面积计算。与幕墙同种材质的窗并入相应幕墙面积内。

任务 **6** 隔断

1. 定额说明

（1）面层、隔墙（间壁）、隔断、护壁定额子目内,除注明者外均未包括压边、收边、装饰线（板）,如设计要求时,按"其他装饰工程"相应定额子目执行。

（2）如设计要求做防腐或防火处理者,按"油漆、涂料、裱糊工程"相应定额子目执行。

2. 工程量计算规则及实例解析

1）隔断

隔断按设计图示框外围尺寸以面积计算,扣除门窗洞及＞0.3 m² 的孔洞所占面积。

2）全玻璃隔断

全玻璃隔断如带肋者按其展开面积计算。

例 14-9 如图 14-18 所示,试计算卫生间木隔断工程量。

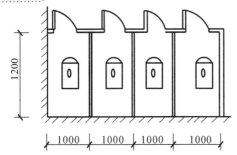
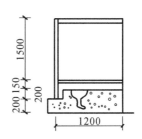

图 14-18　卫生间木隔断示意图

【解】 套用定额 01-12-10-10：

木隔断工程量＝[1×(1.5＋0.15＋0.2)×4＋1.2×1.5×4] m² ＝14.6 m²

【解析】 木隔断按设计图示框外围尺寸以面积计算，扣除门窗洞及＞0.3 m²的孔洞所占面积。其中 4 是卫生间个数。

学习情境 **15**

天棚工程

1. 了解天棚装饰装修工程施工工艺和流程。
2. 掌握天棚定额工程量的计算规则及方法。
3. 能结合实际施工图进行天棚工程量计算。

任务 1 定额项目设置及相关知识

1. 定额项目设置

本章定额共包括 4 节 78 个子目,定额项目组成见表 15-1。

表 15-1 天棚工程项目组成表

章	节	子 目
天棚工程	天棚抹灰 01-13-1-1～7	混凝土天棚一般抹灰、拉毛,钢板网天棚、板条天棚一般抹灰 混凝土天棚满批石膏浆、界面砂浆
	吊顶天棚 01-13-2-1～62	方木天棚龙骨 U 形轻钢天棚龙骨平面、跌级 U 形轻钢天棚龙骨艺术造型天棚矩形、阶梯形、圆形、弧拱形 T 形铝合金天棚龙骨平面、跌级 铝合金方板天棚龙骨,铝合金条板天棚龙骨,铝合金挂片式天棚龙骨 基层胶合板 面层板条、钢板网、薄板面、单层清水板条 面层竹片、胶合板穿孔面板、水泥压木丝板、胶合板 面层木质装饰板密铺、花式 面层纸面石膏板、纸面石膏板增加一层、石膏复合装饰板 面层矿棉板、铝板网、塑铝板、不锈钢面层 面层阻燃聚丙烯板、镜面玲珑板 面层铝合金方板嵌入式,铝合金条板闭缝、开缝 面层铝合金挂片条形,铝合金扣板,空腹 PVC 扣板 面层彩绘玻璃浮搁式、贴在基层板上,镭射玻璃、镜面玻璃贴在基层板上 灯片搁放型 格栅天棚木方格、铝骨架铝条、直条形铝格栅、多边形空腹铝格栅 铝合金筒形天棚方筒形 600×600、圆筒形 φ600,藤条造型悬挂吊顶 织物软雕吊顶,软膜吊顶矩形、圆形、装饰网架天棚
	采光天棚 01-13-3-1～2	中空玻璃采光天棚钢结构、铝结构
	灯带(槽) 01-13-4-1～7	悬挑式灯槽直形细木工板面、弧形胶合板面 附加式灯槽 送(回)风口 天棚开孔灯光孔、风口,格栅灯带

2. 相关知识

1) 天棚抹灰相关知识

(1) 概念:天棚抹灰是指屋顶或者楼层顶使用水泥砂浆、腻子粉等材料进行的装修做法之一,起到与基层黏结、找平、美观的效果。

（2）工程内容：清理基层、底层抹灰、抹面层、抹装饰线条。

（3）施工工序：基层处理→弹天棚水平线→喷水润湿→刷 107 胶水泥浆→抹底层糙灰→抹中层糙灰→找平层检验→抹罩面灰。

2）天棚吊顶相关知识

（1）如图 15-1 所示，天棚吊顶结构一般由以下几部分组成：

① 吊杆（吊筋）；

② 龙骨：顶棚的骨架层，包括主龙骨、次龙骨；

③ 基层部分：胶合板、石膏板、金属板等；

④ 面层部分。

（2）天棚吊顶分类：格栅天棚吊顶（见图 15-2）、铝合金筒形天棚吊顶、藤条造型悬挂吊顶（见图 15-3）、织物软雕吊顶、软膜吊顶（见图 15-4）、装饰网架天棚吊顶。

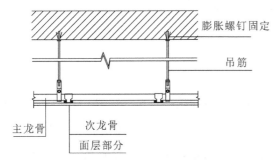

图 15-1　天棚吊顶结构示意图

图 15-2　格栅天棚吊顶

图 15-3　藤条造型悬挂吊顶

图 15-4　软膜吊顶

（3）工程内容：基层清理、龙骨安装、基层板铺贴、面层铺贴、嵌缝、刷防护材料、油漆。

（4）施工工序：龙骨→基层→面层；龙骨→面层（轻钢龙骨、铝合金龙骨）；基层→面层。

任务 2　天棚抹灰

1. 定额说明

（1）天棚抹灰子目中的砂浆配合比与设计不同者，可以调整。砂浆按中级标准，抹灰砂浆分层厚度及砂浆种类详见表 15-2。

（2）楼梯底面抹灰按本章天棚相应定额子目执行，其中锯齿形楼梯底面抹灰按相应定额子目的人工乘以系数 1.35。

表 15-2　天棚抹灰砂浆分层厚度及砂浆种类表　　　　　　　　　　　　mm

项　　目	底　　层		面　　层		总　厚　度
	砂　浆	厚　度	砂　浆	厚　度	
水泥砂浆　一次抹面			干混砂浆 DP M10.0	7	7
钢板网	干混砂浆 DP M10.0	9	干混砂浆 DP M10.0	7	16
板条面	干混砂浆 DP M10.0	9	干混砂浆 DP M10.0	7	16

2. 工程量计算规则及实例解析

1）天棚抹灰

天棚抹灰按设计图示尺寸以水平投影面积计算。不扣除间壁墙、垛、柱、检查口和管道所占的面积；带梁天棚的梁两侧抹灰面积及檐口天棚的抹灰面积并入天棚抹灰工程量内计算。

例 15-1　　某工程现浇井字梁天棚如图 15-5 所示，1∶2.5 水泥石灰砂浆底 10 mm 厚，石灰砂浆面 5 mm，试列清单项目并计算清单工程量。

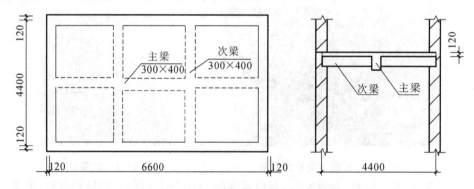

图 15-5　某工程现浇井字梁天棚示意图

【解】　天棚抹灰工程量套用定额 01-13-1-1：

$$S=[(6.6-0.24)\times(4.4-0.24)+(6.6-0.24)\times(0.4-0.12)\times2+(2.2-0.12-0.15)$$
$$\times(0.25-0.12)\times2\times4-0.15\times(0.25-0.12)\times4]\ m^2=31.948\ m^2$$

【解析】　天棚抹灰按设计图示尺寸以水平投影面积计算。带梁天棚的梁两侧抹灰面积及檐口天棚的抹灰面积并入天棚抹灰工程量内计算，天棚水平投影面积为(6.6-0.24)×(4.4-0.24)；主梁、次梁两侧面积为(6.6-0.24)×(0.4-0.12)×2+(2.2-0.12-0.15)×(0.25-0.12)×2×4；主梁高度大于次梁，主次梁交接处无须抹灰，应扣除 0.15×(0.25-0.12)×4。

2）楼梯底面抹灰

板式楼梯底面抹灰按斜面积计算；锯齿形楼梯底板抹灰按展开面积计算。

3）界面砂浆

界面砂浆涂刷按实际面积计算。

任务 3 吊顶天棚

1.定额说明

（1）天棚龙骨、基层、面层除定额注明合并编列子目外，其余天棚的龙骨、基层、面层均分别编列子目。

（2）龙骨的种类、间距、规格和基层、面层材料的型号、规格是按常用材料和常用做法考虑的，如设计要求不同时，材料可以调整，人工、机械不变。

① 木龙骨天棚定额的大龙骨规格为 50 mm×70 mm，中、小龙骨为 50 mm×50 mm，木吊筋为 50 mm×50 mm，定额以方木龙骨双层木楞为准。

② 天棚面层在同一标高的平面上为平面天棚，如图 15-6 所示；天棚面层不在同一标高的平面上，且高差在 400 mm 以下或三级以内为跌级天棚，如图 15-7 所示。

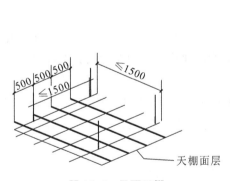

图 15-6　平面天棚

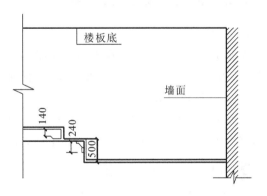

图 15-7　跌级天棚

③ 艺术造型天棚轻钢龙骨定额适用于高差在 400 mm 以上或三级以外及圆弧形、拱形等造型天棚，如图 15-8 所示。

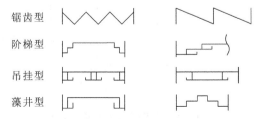

图 15-8　艺术造型天棚断面示意图

④ 轻钢龙骨、铝合金龙骨定额子目为双层双向结构，即中、小龙骨紧贴大龙骨底面吊挂。如

为单层结构时,即大、中龙骨底面在同一水平上者,人工乘以系数 0.85。

⑤ 定额中吊筋均以后期施工在混凝土板上钻洞、挂筋为准。

⑥ 阶梯形天棚轻钢龙骨安装如为弧线形者,按其直线形定额子目人工乘以系数 1.10,锯齿形天棚轻钢龙骨安装按阶梯形天棚定额执行。

(3) 铝合金 T 形龙骨、铝合金方板龙骨、铝合金条板龙骨定额子目已包括全部龙骨和配件等的安装内容。

① 定额子目中的主材仅包括轻钢大龙骨和大龙骨垂直吊挂件的消耗量。

② 其他配套使用的中龙骨、小龙骨、边龙骨及接插件、吊挂件等配件的消耗量均计入相应面层定额内。

(4) 天棚基层及面层如为拱形、圆弧形等曲面时,按相应天棚基层及面层定额的人工乘以系数 1.15,灯带(槽)制作安装另按本章相应定额子目执行。

(5) 天棚检查孔的工料已包括在相应定额子目内,不另计算。

(6) 吊筒吊顶定额已综合了龙骨、基层、面层的工作内容;铝合金圆筒形、方筒形天棚分别以 Φ600 mm 及 600 mm×600 mm 规格为准。

(7) 藤条造型、织物软雕、装饰网架的定额按成品考虑编制。

(8) 天棚压条、装饰线条按"其他装饰工程"相应定额子目执行。

(9) 龙骨、基层等涂刷防火涂料或防腐油按"油漆、涂料、裱糊工程"相应定额子目执行。

2. 工程量计算规则及实例解析

1) 天棚龙骨

天棚龙骨按主墙间水平投影面积计算,不扣除间壁墙、垛、柱、检查口和管道所占的面积,扣除单个>0.3 m² 的孔洞、独立柱及与天棚相连的窗帘盒所占面积。斜面龙骨按斜面计算。

2) 天棚吊顶的基层与装饰面层

天棚吊顶的基层与装饰面层按设计图示尺寸以展开面积计算,不扣除间壁墙、垛、柱、检查口和管道所占面积,扣除单个>0.3 m² 的孔洞、独立柱及与天棚相连的窗帘盒所占的面积。

例 15-2 某工程如图 15-9 所示,预制钢筋混凝土板底吊不上人型装配式 U 形轻钢龙骨,间距 450 mm×450 mm,龙骨上铺钉胶合板,面层粘贴铝塑板,尺寸如图 15-9 所示,试计算天棚相关工程量。

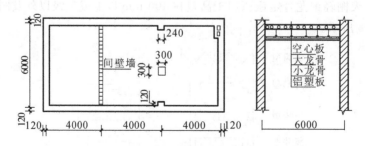

图 15-9　某工程天棚吊顶示意图

【解】　天棚龙骨工程量,U 形轻钢龙骨套用定额 01-13-2-4:

$$S = [(12 - 0.24) \times (6 - 0.24) - 0.30 \times 0.30] \text{ m}^2 = 67.6476 \text{ m}^2$$

天棚吊顶的基层，胶合板套用定额 01-13-2-19：
$$S = 67.6476 \text{ m}^2$$
天棚吊顶的装饰面层，铝塑板套用定额 01-13-2-35：
$$S = 67.6476 \text{ m}^2$$

【解析】 （1）天棚龙骨按主墙间水平投影面积计算，不扣除间壁墙、垛、柱、检查口和管道所占的面积，扣除单个 >0.3 m² 的孔洞、独立柱及与天棚相连的窗帘盒所占面积。斜面龙骨按斜面计算。图 15-9 中有间壁墙、垛、独立柱，其中独立柱所占面积 0.30×0.30 应扣除。

（2）天棚吊顶的基层与装饰面层按设计图示尺寸以展开面积计算，不扣除间壁墙、垛、柱、检查口和管道所占面积，扣除单个 >0.3 m² 的孔洞、独立柱及与天棚相连的窗帘盒所占的面积。图 15-9 所示为平面天棚，计算其水平投影面积即可。

例 15-3 某三级天棚尺寸如图 15-10 所示，钢筋混凝土板下吊木龙骨，基层板为胶合板，面层为石膏板，试计算天棚相关工程量。

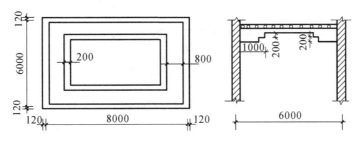

图 15-10 某工程三级天棚吊顶示意图

【解】 天棚龙骨工程量，木龙骨套用定额 01-13-2-1：
$$S = [(8-0.24) \times (6-0.24)] \text{ m}^2 = 44.698 \text{ m}^2$$

天棚吊顶的基层，胶合板套用定额 01-13-2-19：
$$S = [(8-0.24) \times (6-0.24) + (8-0.24-0.8 \times 2 + 6-0.24-0.8 \times 2) \times 2 \times 0.2$$
$$+ (8-0.24-0.8 \times 2 - 0.2 \times 2 + 6-0.24-0.8 \times 2 - 0.2 \times 2) \times 2 \times 0.2] \text{ m}^2$$
$$= (44.698 + 4.128 + 3.808) \text{ m}^2 = 52.634 \text{ m}^2$$

天棚吊顶的装饰面层，石膏板套用定额 01-13-2-30：
$$S = 52.634 \text{ m}^2$$

【解析】 天棚吊顶的基层与装饰面层按设计图示尺寸以展开面积计算，不扣除间壁墙、垛、柱、检查口和管道所占的面积，扣除单个 >0.3 m² 的孔洞、独立柱及与天棚相连的窗帘盒所占的面积。图 15-10 所示为矩形跌级天棚，计算展开面积＝天棚水平投影面积＋跌级竖直投影面积。

例 15-4 某会议室天棚装饰如图 15-11、图 15-12、图 15-13 所示，试计算天棚相关工程量。

【解】 天棚龙骨工程量，轻钢龙骨套用定额 01-13-2-5：
$$S = (2.4+0.5+3+0.5+2.4) \times 6 = 8.8 \times 6 \text{ m}^2 = 52.80 \text{ m}^2$$

天棚吊顶的基层，胶合板 5 cm 套用定额 01-13-2-19：
$$S = 52.80 + 3.14 \times 3 \times 0.15 + 3.14 \times 4 \times 0.15 = 52.80 + 3.297 = 56.097 \text{ m}^2$$

装饰面层,白桦木板套用定额 01-13-2-28:

$$S = 56.097 \text{ m}^2$$

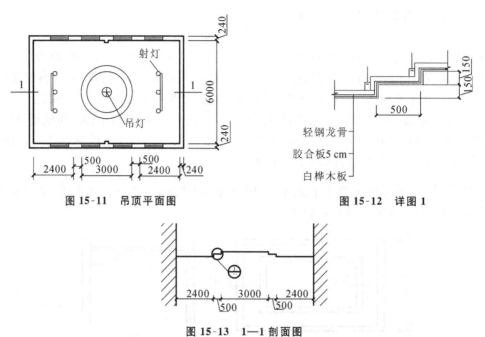

图 15-11　吊顶平面图　　　　　　　　图 15-12　详图 1

图 15-13　1—1 剖面图

【解析】　天棚吊顶的基层与装饰面层按设计图示尺寸以展开面积计算,不扣除间壁墙、垛、柱、检查口和管道所占面积,扣除单个>0.3 m²的孔洞、独立柱及与天棚相连的窗帘盒所占的面积。图 15-11 所示为圆形跌级天棚,计算展开面积=天棚水平投影面积+跌级竖直投影面积。

例 15-5　某礼堂天棚装饰如图 15-14～图 15-17 所示,试计算天棚相关工程量。

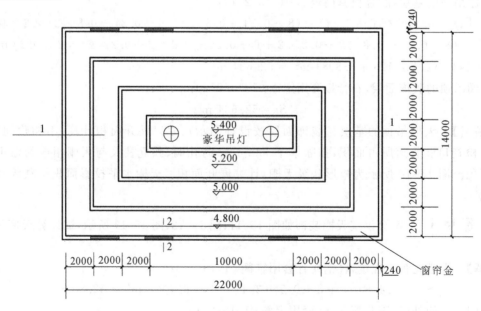

图 15-14　礼堂吊顶平面图

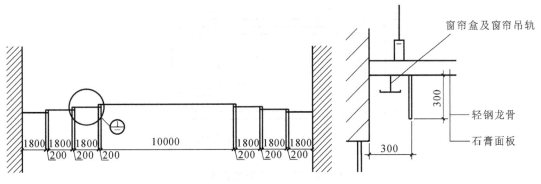

图 15-15 1—1 剖面图   图 15-16 2—2 剖面图

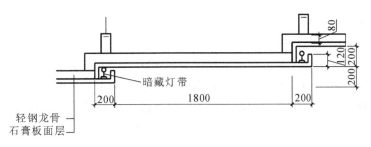

图 15-17 详图 1

【解】 天棚龙骨工程量,轻钢龙骨套用定额 01-13-2-5:

$$S = 22 \times 14 \ \text{m}^2 = 308 \ \text{m}^2$$

天棚吊顶的装饰面层工程量,石膏板面层套用定额 01-13-2-30:

$$S = \{308 + 0.12 \times [(10+2) \times 2 + (14+6) \times 2 + (18+10) \times 2] + 0.2 \times [(10+0.2+2+0.2) \times 2 + (14+0.2+6+0.2) \times 2 + (18+0.2+10+0.2) \times 2] + 0.2 \times [(10+0.4+2+0.4) \times 2 + (14+0.4+6+0.4) \times 2 + (18+0.4+10+0.4) \times 2]\} \ \text{m}^2 = (308+0.12 \times 120 + 0.2 \times 122.4 + 0.2 \times 124.8) \ \text{m}^2 = 371.84 \ \text{m}^2$$

【解析】 (1) 天棚龙骨按主墙间水平投影面积计算,不扣除间壁墙、垛、柱、检查口和管道所占的面积,扣除单个 >0.3 m² 的孔洞、独立柱及与天棚相连的窗帘盒所占面积。

(2) 天棚吊顶的基层与装饰面层按设计图示尺寸以展开面积计算,不扣除间壁墙、垛、柱、检查口和管道所占面积,扣除单个 >0.3 m² 的孔洞、独立柱及与天棚相连的窗帘盒所占的面积。图 15-16 中,300 mm 宽窗帘盒与天棚吊顶的面层相连,故未扣除其所占面积。

例 15-6 某办公室天棚装修如图 15-18 所示,窗帘盒尺寸为 200 mm×400 mm,与天棚相连。吊顶做法:平面不上人 U 形轻钢龙骨中距 450 mm×450 mm。基层为九层板。面层为红榉拼花,红榉面板刷防火漆两遍。试计算天棚相关工程量。

【解】

天棚龙骨工程量,轻钢龙骨套用定额 01-13-2-5:

$$S = [(3.6 \times 3 - 0.24) \times (5 - 0.24 - 0.2) - 0.3 \times 0.3 \times 2] \ \text{m}^2 = 47.97 \ \text{m}^2$$

天棚吊顶的基层,九层板套用定额 01-13-2-19:

$$S = 47.97 \ \text{m}^2$$

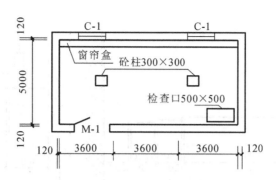

图 15-18　某办公室天棚装修图

天棚吊顶的装饰面层,红桦拼花套用定额 01-13-2-29:

$$S = 47.97 \text{ m}^2$$

防火漆刷两遍套用定额 01-14-3-13:

$$S = 47.97 \text{ m}^2$$

【解析】　(1)天棚龙骨按主墙间水平投影面积计算,不扣除间壁墙、垛、柱、检查口和管道所占的面积,扣除单个>0.3 m^2 的孔洞、独立柱及与天棚相连的窗帘盒所占面积。

(2)天棚吊顶的基层与装饰面层按设计图示尺寸以展开面积计算,不扣除间壁墙、垛、柱、检查口和管道所占面积,扣除单个>0.3 m^2 的孔洞、独立柱及与天棚相连的窗帘盒所占的面积。图 15-18 中,500 mm×500 mm 检查口不扣除;300 mm×300 mm 砼柱两根扣除其所占面积,200 mm 宽窗帘盒与天棚相连,扣除其所占面积。

3)格栅吊顶等

格栅吊顶、藤条造型悬挂吊顶、织物软雕吊顶和装饰网架吊顶,按设计图示尺寸以水平投影面积计算。

4)吊筒吊顶

吊筒吊顶以设计图示最大外围水平投影尺寸,按外接矩形面积计算。

任务 4 采光天棚

1. 定额说明

(1)采光天棚骨架及面层材料如设计与定额不同时可以换算,其他不变。

(2)钢骨架油漆按"油漆、涂料、裱糊工程"相应定额子目执行。

2. 工程量计算规则及实例解析

采光天棚按设计图示尺寸以框外围面积计算。

任务 5 灯带(槽)

1.定额说明

(1) 开灯光孔、风口定额以方形为准,若为圆形者,则人工乘以系数 1.3。

(2) 送风口、回风口定额按方形风口 380 mm×380 mm 编制。

① 若方形风口尺寸在 380 mm×380 mm 以上时,人工乘以系数 1.25。

② 若矩形风口周长在 1600~2000 mm 时,人工乘以系数 1.25。

③ 若矩形风口周长在 2000 mm 以上时,人工乘以系数 1.50。

④ 若圆形风口者人工乘以系数 1.3。

2.工程量计算规则及实例解析

1) 灯带(槽)

灯带(槽)按设计图示尺寸以框外围面积计算。

■ **例 15-7** 某会议室安装铝合金灯带,如图 15-19 所示,试计算灯带的工程量。

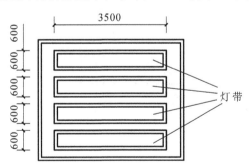

图 15-19 某会议室安装铝合金灯带示意图

【解】

灯带工程量套用定额 01-13-4-1:

$$S = 0.6 \times 3.5 \times 4 \text{ m}^2 = 8.40 \text{ m}^2$$

【解析】 灯带(槽)按设计图示尺寸以框外围面积计算。

2) 送风口、回风口及灯光孔

送风口、回风口及灯光孔按设计图示数量以个计算。

3) 格栅灯带开孔

格栅灯带开孔按设计图示尺寸以长度计算。

学习目标

1. 了解油漆涂料、裱糊工程施工工艺和流程。

2. 掌握油漆涂料、裱糊工程定额工程量的计算规则及方法。

3. 能结合实际施工图进行油漆涂料、裱糊工程量计算。

任务 1 定额项目设置

本章定额共包括 7 节 133 个子目,定额项目组成见表 16-1。

表 16-1 油漆涂料、裱糊工程项目组成表

章	节		子 目
油漆涂料、裱糊工程	门油漆 01-14-1-1～10		刷底油、调和漆两遍 润油粉、满刮腻子、调和漆两遍 刷底油、调和漆两遍、磁漆一遍 润油粉、满刮腻子、调和漆一遍磁漆两遍 满刮腻子、底漆两遍、聚酯清漆两遍 满刮腻子、底漆两遍、聚酯色漆两遍
	木扶手及其他板条、线条油漆 01-14-2-1～40	木扶手不带托板、木线条≤50 mm、≤100 mm、≤150 mm	刷底油调和漆两遍 润油粉、满刮腻子、调和漆两遍 刷底油、调和漆两遍、磁漆一遍 润油粉、满刮腻子、调和漆一遍、磁漆两遍 满刮腻子、底漆两遍、聚酯清漆两遍 满刮腻子、底漆两遍、聚酯色漆两遍
	其他木材面油漆 01-14-3-1～22		刷底油、调和漆两遍 润油粉、满刮腻子、调和漆两遍 刷底油、调和漆两遍、磁漆一遍 润油粉、满刮腻子、调和漆一遍、磁漆两遍 满刮腻子、底漆两遍、聚酯清漆两遍 满刮腻子、底漆两遍、聚酯色漆两遍 双向木龙骨、单向木龙骨、木基层板防火涂料两遍 双向木龙骨、单向木龙骨、木基层板防腐油一遍 木地板面水晶地板漆两遍、木地板打蜡一遍
	金属面油漆 01-14-4-1～11		红丹防腐漆一遍,调和漆两遍
		金属面	氟碳面漆 60 μm 聚氨酯面漆 60 μm 氯化橡胶面漆 60 μm 环氧面漆 60 μm
	抹灰面油漆 01-14-5-1～23	墙面	满刮腻子、底油一遍、调和漆两遍 真石漆 氟碳漆 裂纹漆
		乳胶漆	室外墙面,室内墙面、室内天棚面两遍 室内拉毛面、石膏饰物、混凝土花格窗、栏杆、花饰、墙腰线、檐口线、门窗套、窗台板等两遍 线条(宽度)
		KCM 耐磨漆	地面三遍 踢脚线三遍
		刮腻子	墙面、天棚面满刮两遍
	喷刷涂料 01-14-6-1～19		仿瓷涂料墙面、天棚面三遍 外墙丙烯酸酯涂料墙面、混凝土花格窗栏杆花饰两遍 一塑三油墙面 金属面超薄型防火涂料
	裱糊 01-14-7-1～8	墙面、天棚面	普通壁纸对花 普通壁纸不对花 金属壁纸 贴织锦缎

任务 2 门油漆

1. 定额说明

（1）本章油漆、涂料以手工操作，喷塑、喷涂以机械操作考虑编制。

（2）定额取定的用料及刷、喷、涂遍数与设计或实际施工要求不同时，可以调整。

（3）定额已综合考虑了刷浅、中、深等各种颜色油漆的因素。

（4）定额综合考虑了在同一平面上的分色以及门内外分色等因素，未包括做美术图案。

（5）定额内的聚酯清漆、聚酯色漆子目按刷底漆两遍编制，当设计与定额取定不同时，可按每增加聚酯清漆（或者聚酯色漆）一遍子目调整，其中聚酯清漆（或聚酯色漆）调整为聚酯底漆，消耗量不变。

2. 工程量计算规则及实例解析

执行木门油漆的子目，其工程量计算规则及相应系数见表 16-2。

表 16-2　木门油漆工程量计算规则和系数表

项　　目	系　　数	工程量计算规则（设计图示尺寸）
单层木门	1.00	门洞口面积
单层半玻门	0.85	门洞口面积
单层全玻门	0.75	门洞口面积
半截百叶木门	1.50	门洞口面积
全百叶门	1.70	门洞口面积
厂库房大门	1.10	门洞口面积
纱门扇	0.80	门洞口面积
特种门（包括冷藏门）	1.00	门洞口面积
装饰门扇	0.90	扇外围尺寸面积
间壁、隔断	1.00	单面外围面积
玻璃间壁露明墙筋	0.80	单面外围面积

注：多面涂刷按单面计算工程量。

例 16-1　某单层全玻璃木门，尺寸如图 16-1 所示，油漆为底油一遍，调和漆三遍，试计算其油漆工程量。

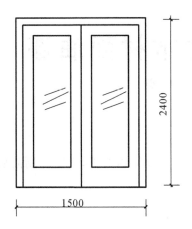

图 16-1　全玻木门示意图

【解】　油漆工程量＝门洞口面积×0.75＝1.50×2.40×0.75 m² ＝2.70 m²

【解析】　木门油漆单层全玻门，按门洞口面积×0.75，0.75为系数，查表16-2可得。

任务 3　木扶手及其他板条、线条油漆

1.定额说明

附着在同材质装饰面上的木线条、石膏线条等刷油漆涂料与装饰面同色者，工程量并入装饰面计算；与装饰面分色者，单独计算。

2.工程量计算规则及实例解析

(1) 执行木扶手(不带托板)油漆的子目，其工程量计算规则及相应系数见表16-3。

表 16-3　木扶手油漆工程量计算规则和系数表

项　　目	系　　数	工程量计算规则(设计图示尺寸)
木扶手(不带托板)	1.00	延长米
木扶手(带托板)	2.50	延长米
封檐板、博风板	1.70	延长米
黑板框、生活园地框	0.5	延长米

(2) 木线条油漆按设计图示尺寸以长度计算。

任务 4 其他木材面油漆

1. 定额说明

木龙骨刷防火涂料定额子目按四面涂刷考虑,木龙骨刷防腐油定额子目按一面(接触结构基层面)涂刷考虑。

2. 工程量计算规则及实例解析

(1)执行其他木材面油漆的子目,其工程量计算规则及相应系数见表16-4。

表16-4 其他木材面油漆工程量计算规则和系数表

项 目	系 数	工程量计算规则(设计图示尺寸)
木板、胶合板天棚	1.00	长×宽
屋面板带檩条	1.10	斜长×宽
清水板条檐口天棚	1.10	长×宽
吸音板(墙面或天棚)	0.87	长×宽
木护墙、木墙裙、木踢脚	0.83	长×宽
窗台板、窗帘盒	0.83	长×宽
出入口盖板、检查口	0.87	长×宽
壁橱	0.83	展开面积
木屋架	1.77	跨度(长)×中高×1/2
以上未包括的其余木材面油漆	0.83	展开面积

(2)木地板油漆按设计图示尺寸以面积计算,孔洞、空圈、暖气包槽、壁龛的开口部分并入相应的工程量内。

(3)木龙骨刷防火、防腐涂料按设计图示尺寸以龙骨架投影面积计算。

(4)基层板刷防火、防腐涂料按实际涂刷面积计算。

任务 5 金属面油漆、喷刷涂料

1. 定额说明

(1)金属面防火涂料定额子目取定的耐火时间、涂层厚度,与设计不同时,防火涂料消耗量可作调整。

(2) 金属面刷两遍防锈漆时,按金属面防锈漆一遍定额子目的人工乘以系数 1.74,材料均乘以系数 1.9。

2. 工程量计算规则及实例解析

执行金属面油漆、涂料子目,其工程量按设计图示尺寸以展开面积计算。质量在 500 kg 以内的单个金属构件,可参考表 16-5 中相应的系数,将质量(t)折算为面积。

表 16-5　质量折算面积参考系数表

项　目	系　数
钢栅栏门、栏杆、窗栅	64.98
钢爬梯	44.84
踏步式钢扶梯	39.90
轻型屋架	53.20
零星铁件	58.00

任务 6 抹灰面油漆

1. 定额说明

(1) 墙面真石漆、氟碳漆定额子目不包括分隔嵌缝,当设计要求做分格嵌缝时,费用另行计算

(2) 纸面石膏板等装饰板材面刮腻子刷油漆、涂料,按抹灰面刮腻子刷油漆、涂料相应项目执行。

(3) 门窗套、窗台板、腰线、压顶等抹灰面刷油漆、涂料,与整体墙面同色者,并入墙面计算;与整体墙面分色者,单独计算,按相应墙面定额子目的人工乘以系数 1.43,其余不变。

(4) 定额内的刮腻子子目仅适用于单独刮腻子项目,当抹灰面油漆、喷刷涂料设计与定额取定的刮腻子遍数不同时,可按刮腻子每增减一遍子目调整。

(5) 一塑三油(喷塑)定额子目按以下规格划分:

① 大压花:喷点压平,点面积在 1.2 cm² 以上;

② 中压花:喷点压平,点面积在 1～1.2 cm²;

③ 喷中点、幼点:喷点面积在 1 cm² 以下。

2. 工程量计算规则及实例解析

(1) 抹灰面油漆、涂料按设计图示尺寸以面积计算。

（2）踢脚线刷耐磨漆按设计图示尺寸以长度计算。

（3）有梁板底刷油漆、涂料按设计图示尺寸以展开面积计算。

（4）混凝土花格窗、栏杆花饰刷（喷）油漆、涂料按设计图示尺寸以洞口面积计算。

例 16-2 某工程平面、剖面示意图如图 16-2 所示，地面刷 KCM 耐磨漆，三合板木墙裙上润油粉，刷硝基清漆三遍，墙面、顶棚刷乳胶漆三遍（光面），试计算上述各项的工程量。

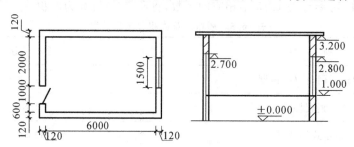

图 16-2 某工程平面、剖面示意图

【解】 ① 地面刷 KCM 耐磨漆工程量＝长×宽＝$(6.00-0.24)×(3.60-0.24)$ m^2＝19.3536 m^2。

② 墙裙刷硝基清漆工程量＝长×宽×0.83＝$[(6.00-0.24+3.60-0.24)×2-1.00+0.12×2]×1.00×0.83$ m^2＝14.5084 m^2。

③ 顶棚刷乳胶漆工程量＝长×宽＝5.76×3.36 m^2＝19.3536 m^2。

④ 墙面刷乳胶漆工程量＝$[(5.76+3.36)×2×(3.20-1.00)-1×(2.70-1.00)-1.50×1.80]$ m^2＝$(40.128-1.7-2.7)$ m^2＝35.728 m^2

【解析】 地面刷 KCM 耐磨漆，属于抹灰面油漆，按设计图示尺寸以面积计算。墙裙刷硝基清漆，属于其他木材面油漆，按设计图示尺寸长×宽×0.83 计算，0.83 为系数，查表 16-4 可得。墙面、顶棚刷乳胶漆，属于抹灰面油漆，按设计图示尺寸以面积计算。

任务 7 裱糊

1. 定额说明

附墙柱抹灰面刷油漆、涂料、裱糊按墙面相应定额子目执行，独立柱抹灰面刷油漆、涂料、裱糊按墙面相应定额子目的人工乘以系数 1.2。

2. 工程量计算规则及实例解析

裱糊：墙面、天棚面裱糊按设计图示尺寸以面积计算

例 16-3 某工程如图 16-3 所示，内墙抹灰面满刮腻子两遍，贴对花墙纸；挂镜线刷底油一遍，调和漆两遍；顶棚刷仿瓷涂料两遍，试计算上述各项工程量。

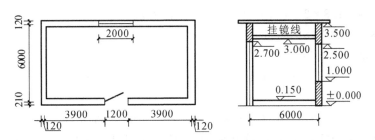

图16-3 某工程平面、剖面图

【解】 ① 刮腻子工程量＝{[(3.9＋1.2＋3.9－0.24)＋(6－0.24)]×2×3.5－1.2×2.7－2×1.5＝101.64－3.24－3} m²＝95.4 m²

② 贴对花墙纸工程量为95.4 m²。

③ 挂镜线油漆工程量＝(9.00－0.24＋6.00－0.24)×2 m＝29.04 m。

④ 顶棚刷仿瓷涂料工程量＝(9.00－0.24)×(6.00－0.24) m²＝50.4576 m²

【解析】 刮腻子,属于抹灰面油漆,按设计图示尺寸以面积计算。贴对花墙纸,属于裱糊,按设计图示尺寸以面积计算。挂镜线油漆,属于木线条油漆,按设计图示尺寸以长度计算。仿瓷涂料属于喷刷涂料,按设计图示尺寸以面积计算。

例16-4 某建筑物如图16-4所示,外墙墙面刷真石漆,窗连门如图16-4(c)所示:全玻璃木门、平开木窗,居中立樘,框厚80 mm,墙厚240 mm。试计算外墙真石漆工程量、门窗油漆工程量。

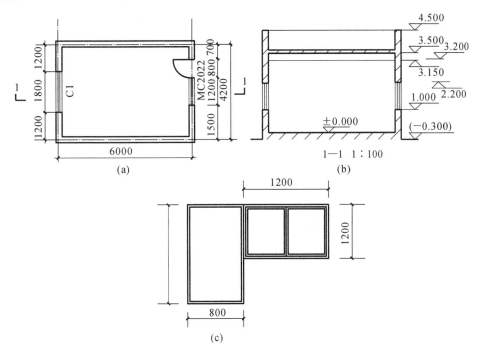

图16-4 某工程平面图、剖面图及门窗图

【解】 外墙真石漆工程量＝外墙面工程量＋门洞侧壁工程量

S＝[(6＋0.24＋4.2＋0.24)×2×(4.5＋0.3)－(0.8×2.2＋1.2×1.2＋1.8×1.2)＋(2.2

199

$\times 2+0.8+1.2\times 4+1.8\times 2+1.2\times 2)+(0.24-0.08)/2]$ m^2

$=(102.528-5.36+16.08)$ m$^2=113.248$ m^2

门油漆工程量：

$$S=0.8\times 2.2\times 0.75 \text{ m}^2=1.32 \text{ m}^2$$

窗油漆工程量：

$$S=(1.2\times 1.8+1.2\times 1.2) \text{ m}^2=3.6 \text{ m}^2$$

【解析】 真石漆为抹灰面油漆，抹灰面油漆、涂料按设计图示尺寸以面积计算。在图 16-4 中此面积为外墙垂直投影面积＋门窗洞侧壁面积，由 1－1 剖面图中可知室外地坪标高 －0.300，女儿墙顶标高 4.500，外墙高 4.8 m。外墙厚 240 mm，门窗框厚 80 mm，居中立樘，故外墙的门窗洞侧壁厚为(0.24－0.08)/2 m。

木门油漆单层全玻门，按门洞口面积×0.75 计算。单层玻璃窗油漆，按单面洞口面积计算。

17

其他装饰工程

学习目标

通过本单元的学习,能够掌握其他装饰工程定额工程量的计算规则及方法。

任务 1 定额项目设置及说明

1.定额项目设置

本章定额共包括 8 节 91 个子目,定额项目组成见表 17-1。

表 17-1　其他装饰工程项目组成表

章	节	子　目	
其他装饰工程	柜类、货架 10-15-1-1～20	柜台,酒柜,衣柜,存包柜 鞋柜,书柜,厨房壁柜,木壁柜 厨房底柜,厨房吊柜,矮柜,吧台背柜 酒吧吊柜,酒吧台,展台,收银台 试衣间,货架,书架,服务台	
	压条、装饰线 10-15-2-1～24	金属装饰线(角线) 金属装饰线(槽线) 木装饰线(压条)平面线、顶角线 石材装饰线(压条)粘贴、干挂 石膏装饰线(压条)平面线、角线 镜面玻璃条,聚氯乙烯装饰线条 欧式装饰线外挂檐口板 欧式装饰线外挂腰线板	
	扶手、栏杆、栏板装饰 10-15-3-1～10	不锈钢管栏杆带扶手直形、弧形、钢化玻璃栏板 铁栏杆铁扶手,铁栏杆木扶手,铸铁花饰栏杆木扶手 靠墙扶手木制、塑料、不锈钢管 欧式栏杆带扶手	
	暖气罩 10-15-4-1	成品暖气罩	
	浴厕配件 10-15-5-1～12	石材洗漱台 晒衣架,帘子杆 浴缸拉手,卫生间扶手 毛巾杆(架),毛巾环 卫生纸盒,肥皂盒(嵌入式) 盥洗室台镜安装不带框,镜箱	
	雨篷、旗杆 10-15-6-1～8	玻璃雨篷点支式,托架式 雨篷吊挂钢骨架铝塑板饰面、金属板饰面 金属旗杆 旗帜电动升降系统,旗帜风动系统	
	招牌、灯箱 10-15-7-1～8	平面招牌钢结构基层一般、复杂	
		招牌面层	有机玻璃、不锈钢、胶合板 铝塑板、灯箱布、灯片
	美术字 10-15-8-1～8	聚氯乙烯字 亚克力字 木质字 金属字	

2. 说明

1) 柜台、货架

（1）柜、台、架等以工厂成品（加工散件），现场拼装为准，按常用规格编制。当设计与定额不同时，可另行换算或补充。

（2）柜、台、架等定额包括五金配件（设计有特殊要求者除外），未考虑饰面板上贴其他花饰、造型艺术品等装饰材料。

2) 压条、装饰线

（1）压条、装饰线均按成品安装考虑。

（2）装饰线条按墙面直线形安装考虑。墙面安装圆弧形、天棚面安装直线形、圆弧形者，按相应定额子目乘以系数执行。

① 墙面安装圆弧形装饰线条，人工乘以系数1.2，材料乘以系数1.1。

② 天棚面安装直线形装饰线条，人工乘以系数1.34。

③ 天棚面安装圆弧形装饰线条，人工乘以系数1.6，材料乘以系数1.1。

④ 装饰线条直接安装在金属龙骨上，人工乘以系数1.68。

3) 扶手、栏杆、栏板装饰

（1）扶手、栏杆、栏板定额适用于楼梯、走廊、回廊及其他装饰性扶手、栏杆、栏板。

（2）扶手、栏杆、栏板定额子目按工厂成品考虑。包括扶手弯头、连接件及其他配件。

（3）定额子目内栏杆、栏板的主材消耗量与设计要求不同时，其消耗量可作调整。

4) 暖气罩

（1）暖气罩定额子目按工厂成品考虑。

（2）暖气罩未包括封边线、装饰线，如设计要求时，按本章相应装饰线条子目执行。

5) 浴厕配件

（1）浴厕配件定额子目按工厂成品考虑。

（2）石材洗漱台定额子目按工厂成品考虑，石材开孔、磨边、倒角等考虑在成品内。

6) 雨篷、旗杆

（1）点支式、托架式雨篷型钢骨架、爪件的规格、数量是按常用做法考虑的，当设计要求与定额取定不同时，材料消耗量可以调整，人工、机械不变。雨篷斜拉杆另计。

（2）雨篷吊挂铝塑板、金属板饰面子目按平面雨篷考虑，不包括吊挂侧面。

（3）旗杆按常用材料及常用做法考虑，定额内铁件与设计用量不同时，材料可调整，其余不变。

（4）旗杆定额子目内未包括旗杆基础、旗杆台座及其饰面。

7) 招牌

（1）招牌钢结构基层、面层，当设计与定额考虑的材料品种、规格不同时，材料可以换算，其余不变。

（2）一般平面招牌是指正立面平整无凹凸面；复杂平面招牌是指正立面有凹凸面造型者。

（3）招牌基层以附墙方式考虑，当设计为独立式的，按相应定额子目人工乘以系数1.1。

（4）招牌定额子目不包括招牌所需喷绘、灯饰、灯光及配套机械。

8）美术字

美术字定额子目按工厂成品考虑。

9）其他

本章如需做油漆、涂料、涂油者，按"油漆、涂料、裱糊工程"相应定额子目执行。

任务 2 工程量计算规则

（1）柜类、货架均按设计图示数量以个计算。

例 17-1 　住宅楼卧室内木壁柜共 10 个，木壁柜高 2.40 m，宽 1.20 m，深 0.60 m。如图 17-1 所示。壁柜做法：木龙骨 30×30@50，围板为九夹板，面层贴壁纸，壁柜门为推拉门，基层细木工板外贴红榉板（双面贴）。面层刷硝基清漆。

柜内分三层，隔板两块：500×1200，细木工板 18 厚，双面贴壁纸。

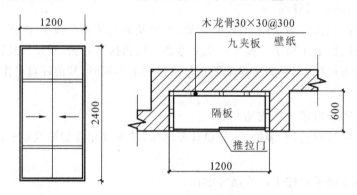

图 17-1　木壁柜示意图

【解】　木壁柜工程量：10 个

（2）压条、装饰线。

① 压条、装饰线条按设计图示线条中心线长度（m）计算。

② 压条、装饰线条带 45°割角者，按线条外边线长度（m）计算。

（3）扶手、栏杆、栏板、成品栏杆（带扶手）均按其中心线长度（包括弯头）（m）计算。

（4）暖气罩按设计图示数量以个计算。

（5）浴厕配件。

① 大理石洗漱台按设计图示尺寸以台面外接矩形面积（m²）计算，不扣除孔洞、挖弯、削角所占面积。挡板、吊沿板面积并入台面面积内。

② 盥洗室台镜按设计图示外围面积（m²）计算。

③ 盥洗室镜箱、毛巾杆（架）、毛巾环、浴帘杆、浴缸拉手、卫生间拉手、肥皂盒、卫生纸盒、晒衣架等均按设计图示数量以个计算。

（6）雨篷、旗杆。

① 雨篷按设计图示尺寸水平投影面积（m²）计算。

② 金属旗杆按设计图示数量以根计算。

定额中，金属旗杆高度分 10 m 内、10 m 外分别列项。

③ 旗帜电动升降系统、旗帜风动系统均按设计图示数量以套计算。

（7）招牌。

① 一般招牌基层按设计图示尺寸以正立面边框外围面积（m²）计算。复杂招牌基层，按设计图示尺寸以展开面积（m²）计算。

② 招牌面层按设计图示尺寸以展开面积（m²）计算。喷绘、凸出面层的灯饰、店徽及其他艺术装饰另行计算。

（8）美术字按字的最大外接矩形面积区分规格，以设计图示数量计算。

定额中，聚氯乙烯字、木质字、金属字的规格分小于等于 0.5 m² 和大于 0.5 m²。

亚克力字的规格分小于等于 1.0 m² 和大于 1.0 m²。

学习情境 **18**

措施项目

任务 **1** 定额项目设置及相关知识

1. 定额项目设置

本章定额共包括 6 节 271 个子目,定额项目组成见表 18-1。

表 18-1 措施项目定额项目组成表

章	节	子 目	
措施项目	脚手架工程 01-17-1-1~54	钢管双排外脚手架 钢管里脚手架 钢管满堂脚手架 整体提升脚手架 外装饰吊篮 钢管电梯井脚手架 钢管水平防护架 金属构件安装安全护栏 竹质高压线防护架	
	混凝土模板及支架(撑) 01-17-2-1~112	组合钢模板 复合模板 装饰性线条增加费 木模板	
	垂直运输 01-17-3-1~38	垂直运输机械及相应设备 垂直运输机械 垂直泵管 水平泵管 运输泵车 运输泵	
	超高施工增加 01-17-4-1~27	超高施工增加建筑物高度 30 m 以内~420 m 以内	
	大型机械进出场及安拆 01-17-5-1~26	履带式推土机 内燃光轮压路机 履带式液压挖掘机 强夯机械 履带式起重机 锚杆钻孔机	进出场费
		履带式柴油打桩机 静力液压压桩机 振动沉拔桩机 工程钻机 旋喷桩机械 搅拌桩机械 履带式液压成槽机 自升式塔式起重机 施工电梯	进出场及安拆费
	施工排水、降水 01-17-6-1~14	基坑外观察井 基坑承压水井 基坑明排水集水井 真空深井降水 轻型井点 喷射井点	

2. 相关知识

（1）措施项目：指为了完成工程施工，发生于该工程施工前和施工过程中非工程实体项目，主要包括技术、生活、安全等方面。

（2）脚手架：当施工到一定高度，为了保证各施工过程顺利进行而搭设的工作平台。按搭设的位置不同分为外脚手架、里脚手架；按材料不同可分为木脚手架、竹脚手架、钢管脚手架；按构造形式不同分为立杆式脚手架、桥式脚手架、门式脚手架、悬吊式脚手架、挂式脚手架、挑式脚手架、爬式脚手架。

任务 2 脚手架工程

1. 定额说明

（1）本章脚手架定额除高压线防护脚手架外，均按钢管式脚手架编制。

（2）外脚手架。

① 外脚手架定额高度自设计室外地坪至檐口屋面结构板面。多跨建筑物高度不同时，应分别按不同高度计算。

裙房外脚手架定额工程量按裙房外立面计算，但塔楼外脚手架定额工程量不是按裙房以上的外立面计算，应以设计室外地坪算至檐口屋面结构板面，这主要是因为带裙楼之高层建筑的施工工艺通常是先施工塔楼，后施工裙楼。

② 外墙脚手架定额 12 m 以内、20 m 以内子目适用于檐高 20 m 以内的建筑物。

③ 外墙脚手架定额 30 m 以内至 120 m 以内子目适用于檐高超过 20 m 的建筑物。定额中已包括分段搭设的悬挑型钢、外挑式防坠安全网。

④ 外脚手架定额子目中已综合考虑了脚手架基础加固、全封闭密目安全网、斜道、上料平台、简易爬梯及屋面顶部滚出物防患措施等。

⑤ 高度在 3.6 m 以上的外墙面装饰，如不能利用原外脚手架时，可计算装饰脚手架。装饰脚手架执行相应外脚手架定额乘以系数 0.3。

⑥ 埋深 3 m 以外的地下室外墙、设备基础必须搭设脚手架时，按外脚手架相应定额子目执行。

⑦ 高度在 3.6 m 以下的外墙（独立柱）不计算外脚手架。

（3）整体提升脚手架。

① 整体提升脚手架定额适用于高层建筑的外墙施工，定额中已包括了全封闭密目安全网、全封闭防混凝土渣外泄钢丝网、外挑式防坠安全网、架体顶部及底部隔离。

② 整体提升脚手架定额子目中的提升装置及架体为一个提升系统，包括提升用设备及其配套的竖向主框架、水平桁架、拉结装置、防倾覆装置及其附属构件。

（4）里脚手架。

① 内墙及围墙砌筑高度 3.6 m 以上者，可计算砌筑用里脚手架。

② 室内净高 3.6 m 以上,需做内墙抹灰者,可计算抹灰脚手架。

③ 室内净高 3.6 m 以上,需做吊平顶或板底粉面者,可按满堂脚手架计算,但不再计算抹灰脚手架。

④ 高度在 3.6 m 以下的内墙(独立柱)不计算脚手架。

(5) 其他脚手架。

① 钢管电梯井脚手架分别按结构及安装搭设编制。当结构搭设的脚手架延续至安装使用时,在套用安装用电梯井脚手架定额时,应扣除定额中的人工及机械。

② 外装饰吊篮定额适用于外立面装饰用脚手。

2. 工程量计算规则及实例解析

1)外脚手架

外脚手架按外墙外边线长度乘以外墙高度以面积计算。不扣除门、窗、洞口、空圈等所占面积。同一建筑物高度不同时,应按不同高度分别计算。

(1) 脚手架计算高度自设计室外地坪面至檐口屋面结构板面。有女儿墙时,高度算至女儿墙顶面。

(2) 斜屋面的山尖部分只计面积不计高度,并入相应墙体外脚手架工程量内。

(3) 坡度大于 45°铺瓦脚手架按屋脊高乘以周长以平方米计算,工程量并入相应墙体用外脚手架内。

(4) 建筑物屋面以上的楼梯间、电梯间、水箱间等与外墙连成一片的墙体,其脚手架工程量并入主体建筑脚手架工程量内,按主体建筑物高度的脚手架定额子目计算。

(5) 埋深 3 m 以外的地下室外墙、设备基础脚手架,按基础垫层面至基础顶板面的垂直投影面积计算。

外脚手架工程量计算公式:

$$S_{垂投} = L_外 \times H + S_{斜屋面山尖部分} + S_{屋顶上的楼梯间、水箱间等}$$

其中:L——外墙外边线长度;

有挑檐:H——设计室外地坪面至檐口屋面结构板面;

有女儿墙:H——设计室外地坪面至女儿墙顶面;

铺瓦屋面坡度 $>45°$:H——设计室外地坪面至屋脊。

设备基础、地下室等埋深 >3 m 时:H——基础垫层面~基础顶板面。

(6) 独立柱脚手架,按设计图示结构外围周长另加 3.6 m 乘以柱高以面积计算。

$$S_{垂投} = (L_{砖柱断面周长} + 3.6 \text{ m}) \times H_{柱高}$$

例 18-1 某建筑物外围尺寸如图 18-1 所示,试计算其外脚手架工程量。

【解】 钢管双排外脚手架 高 12 m 以内套用定额 01-17-1-1:

$$S_{垂投} = L_外 \times H = [(20 + 6 + 20) \times 8] \text{ m}^2 = 368 \text{ m}^2$$

钢管双排外脚手架高 20 m 以内套用定额 01-17-1-2:

$$S_{垂投} = L_外 \times H = [(20 + 6 + 20) \times 14] \text{ m}^2 = 644 \text{ m}^2$$

【解析】 外脚手架按外墙外边线长度乘以外墙高度以面积计算。不扣除门、窗、洞口、空圈等所占面积。同一建筑物高度不同时,应按不同高度分别计算。本题中如图 18-1 所示,建筑物高度分别为 8 m 和 14 m,故分别列式计算。

例 18-2 某建筑物外围尺寸如图 18-2 所示,试计算其外脚手架工程量。

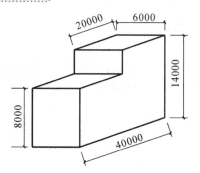

图 18-1　某建筑外立面示意图　　　　图 18-2　某建筑示意图 1

【解】 钢管双排外脚手架高 20 m 以内套用定额 01-17-1-2:

$$S_{垂投} = L_外 \times H + S_{斜屋面山尖部分} = [(10+20) \times 2 \times 12.45 + 0.5 \times (10 \times 2.55) \times 2] \text{m}^2$$
$$= (747 + 25.5) \text{m}^2 = 772.50 \text{m}^2$$

【解析】 外脚手架按外墙外边线长度乘以外墙高度以面积计算。不扣除门、窗、洞口、空圈等所占面积。① 脚手架计算高度自设计室外地坪面至檐口屋面结构板面。② 斜屋面的山尖部分只计面积不计高度,并入相应墙体外脚手架工程量内。本题中如图 18-2 所示,单独计算山尖部分面积,并入 12.45 m 高的外脚手架工程量内。

例 18-3 某建筑物外围尺寸如图 18-3 所示,试计算其外脚手架工程量。

【解】 钢管双排外脚手架高 12 m 以内套用定额 01-17-1-1:

$$S_{垂投} = L_外 \times H + S_{屋顶上的楼梯间、水箱间等} = [(15+20) \times 2 \times 8 + (3+2.5) \times 2 \times 3] \text{m}^2$$
$$= (560 + 33) \text{m}^2 = 593 \text{m}^2$$

【解析】 建筑物屋面以上的楼梯间、电梯间、水箱间等与外墙连成一片的墙体,其脚手架工程量并入主体建筑脚手架工程量内,按主体建筑物高度的脚手架定额子目计算。本题中如图 18-3 所示,主体建筑物高度为 8 m,套用定额 01-17-1-1 高 12 m 以内。

例 18-4 某建筑物外围尺寸如图 18-4 所示,试计算其外脚手架工程量。

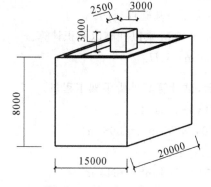

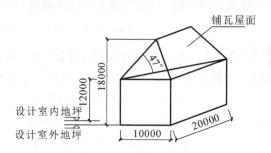

图 18-3　某建筑示意图 2　　　　图 18-4　某建筑示意图 3

【解】 钢管双排外脚手架高 20 m 以内套用定额 01-17-1-2:

$$S_{垂投} = L_外 \times H = [(10+20) \times 2 \times 18]\,\text{m}^2 = 1080\,\text{m}^2$$

【解析】 坡度大于 45°铺瓦脚手架按屋脊高乘以周长以平方米计算,工程量并入相应墙体用外脚手架内。铺瓦屋面坡度>45°:H——设计室外地坪面至屋脊。本题中如图 18-4 所示,坡度 47°,屋脊高 18 m。

2) 整体提升脚手架

整体提升脚手架按外墙外边线长度乘以外墙高度以面积计算。不扣除门、窗、洞口、空圈等所占面积。

3) 里脚手架

里脚手架按设计图示墙面垂直投影面积计算。不扣除门、窗、洞口、空圈等所占面积。脚手架的高度按设计室内地坪面至楼板或屋面板底计算。

(1) 围墙脚手架按设计图示尺寸以面积计算,高度按设计室外地坪面至围墙顶,长度按围墙中心线计算。不扣除围墙门所占面积。如需搭设双面脚手时,另一面脚手按抹灰用里脚手定额子目执行,计算方法同砌筑里脚手。

围墙脚手架工程量计算公式:

$$S_{垂投} = L_内 \times H$$

其中:内墙:H——设计室内地坪面±0.00 至楼板或屋面板底;

L——内墙净长;

围墙:H——设计室外地坪面至围墙顶;

L——围墙中心线长。

(2) 满堂脚手架,按室内地面净面积计算,不扣除柱、垛所占的面积。满堂脚手架高度 3.60～5.20 m 为基本层,每增高 1.20 m 为一个增加层,以此累加(增高 0.60 m 以内的不计)。

满堂脚手架工程量计算公式:

$$S_{室内地面净} = L_{房间净长} \times B_{房间净宽}$$

例 18-5 某建筑物外围尺寸如图 18-5、图 18-6 所示,试计算内墙里脚手架工程量。

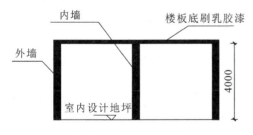

图 18-5 某建筑立面图

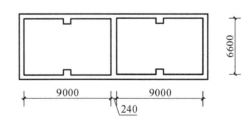

图 18-6 某建筑平面图

【解】 钢管里脚手架 3.6 m 以上砌墙套用定额 01-17-1-10:

$$S_{垂投} = L_内 \times H = 6.6 \times 4\,\text{m}^2 = 26.4\,\text{m}^2$$

【解析】 里脚手架按设计图示墙面垂直投影面积计算。不扣除门、窗、洞口、空圈等所占面积。脚手架的高度按设计室内地坪面至楼板或屋面板底计算。

4) 其他脚手架

(1) 电梯井脚手架按单孔(一座电梯)以座计算。高度自电梯井坑底板面至屋面电梯机房的板底。

（2）建筑物搭设钢管水平防护架，按立杆中心线的水平投影面积计算。搭设使用期超过基本使用期（六个月）时，可按每增加一个月子目累计计算。

（3）高压线防护架按搭设长度以米计算。搭设使用期超过基本使用期（五个月）时，可按每增加一个月子目累计计算。

（4）金属构件安全护栏，按金属构件安装的质量计算。

（5）外装饰吊篮按外墙垂直投影面积计算，不扣除门窗洞口所占面积。

任务 3 混凝土模板及支架（撑）

1.定额说明

（1）模板分为工具式钢模板与复合模板。圆柱直径≤500 mm 考虑按木模板编制。

（2）模板按企业自有（即按摊销量）编制。组合钢模板包括装箱及回库维修耗量。

（3）地下室底板模板按满堂基础相应定额子目执行。

（4）基础使用砖模时，砌体按"砌筑工程"砖基础相应定额子目，抹灰按"墙、柱面装饰与隔断、幕墙工程"相应定额子目执行。

（5）圆弧形、带形基础模板按相应定额子目乘以系数1.15。

（6）有梁式带形基础、有梁式满堂基础定额均未包括杯芯，杯芯按相应定额子目执行。

（7）杯形基础杯口高度大于杯口大边长度的，套用高杯基础定额子目。

（8）设备基础不包括螺栓套、螺栓套另按复合模板零星构件定额子目执行。

（9）现浇钢筋混凝土基础支模深度按3 m编制。支模深度为3 m以上时，超过部分再按基础超深3 m子目执行。

（10）现浇钢筋混凝土柱、梁、墙、板支模高度均按（板面至上层板底之间的高度）3.6 m编制。超3.6 m时，超过部分再按相应超高子目执行。

（11）现浇钢筋混凝土圆柱支模高度按（板面至上层板底之间的高度）6 m编制。超过6 m时，超过部分再按相应超高子目执行。

（12）现浇钢筋混凝土板支模适用于板截面厚度≤250 mm。如板支模须使用承重模板支撑系统，可按施工组织设计方案调整模板支撑系统（包括人工）消耗量。

（13）复合模板墙子目若采用一次性摊销螺杆方式支模时，应将相应定额子目内的对拉螺杆换成止水螺杆（含止水片），其消耗量按对拉螺杆定额含量乘以系数5.5，并扣除定额内的塑料套管耗量，其余不变。

（14）型钢组合混凝土构件模板，按构件相应定额子目执行。

（15）屋面混凝土女儿墙高度>1.2 m时按相应墙定额子目执行，≤1.2 m时按相应栏板定额子目执行。

（16）混凝土栏板高度（含压顶、扶手及翻沿），净高按1.2 m以内考虑，超过1.2 m时按相应墙定额子目执行。

（17）现浇混凝土阳台、雨篷图示外挑部分其中有一面是弧形且半径≤9 m 时，按相应定额子目人工乘以系数 1.1。

（18）挑檐、天沟壁高度≤400 mm，按相应挑檐定额子目执行，挑檐、天沟壁高度>400 mm 时，按全高执行栏板定额子目。

（19）凸出混凝土柱、梁、墙面的线条，并入相应构件内计算，再按凸出的线条道数执行模板增加费项目；但单独窗台板、栏板扶手、墙上压顶的单阶挑沿不另行计算模板增加费；其他单阶线条凸出宽度大于 200 mm 的执行挑檐子目。

（20）零星构件是指单体体积在 0.1 m³ 以内的未列定额子目的小型构件。

2. 工程量计算规则及实例解析

1）模板

除另有规定者外，均按模板与混凝土的接触面积（扣除后浇带所占面积）计算。

2）基础模板

（1）带形基础不分有梁式与无梁式均按带形基础子目计算。

（2）有梁式带形基础、带形桩承台基础、有梁式满堂基础，梁高（指基础扩大顶面至梁顶面的高）≤1.2 m 时，模板合并计算；>1.2 m 时，扩大顶面以上部分模板按混凝土墙子目计算。

如图 18-7 所示，带形基础模板计算公式：

无梁式：

$$S = 2L_{外中} \times h_1 + 2L_{砼内净} \times h_1 - 2nB \times h_1$$

有梁式：

$$S = 2L_{外中} \times (h_1 + h_3) + 2L_{砼内净} \times h_1 + 2L_{梁内净} \times h_3 - 2n(B \times h_1 + b \times h_3)$$

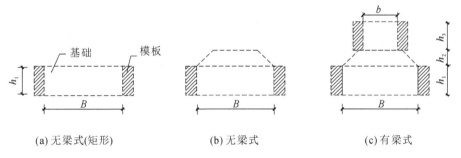

(a) 无梁式(矩形)　　　　(b) 无梁式　　　　(c) 有梁式

图 18-7　现浇钢筋混凝土带形基础及其模板示意图

例 18-6　某一矩形建筑物，如图 18-8 所示，外墙中心轴线为 10 m×6 m，6 m 长的内墙中心线把房子分隔为大小相等的两间，内外墙基下，有总高度为 600 mm 的无梁式钢砼带基，带基上口宽 350 mm，下口扩大面宽 600 mm，高 400 mm。试计算该带基模板工程量。

【解】　方法一：带形基础计算公式：

无梁式：

$S = 2L_{外中} \times h_1 + 2L_{砼内净} \times h_1 - 2nB \times h_1$

$= [2 \times (10+6) \times 2 \times 0.4 + 2 \times (6-0.6) \times 0.4 - 2 \times 1 \times 0.6 \times 0.4]$ m² = 29.44 m²

方法二：按实际支模板的位置计算其长度再乘以支模高度。

$$L = \left[(10+0.6+6+0.6) \times 2 + (10-0.6 \times 2) \times 2 + (6-0.6) \times 4 \right] \text{m} = 73.6 \text{ m}$$
$$S = 73.6 \times 0.4 \text{ m}^2 = 29.44 \text{ m}^2$$

（3）基础内的集水井模板并入相应基础模板工程量计算。

（4）基坑支撑应扣除支撑交叉重叠开口部分的面积。

（5）杯型及高杯基础应计算杯芯模板，并入相应基础模板工程量内。有梁式带形基础、带形桩承台基础、有梁式满堂基础带杯芯者，杯芯按只计算，不再计算杯芯接触面积。

如图 18-9 所示，独立基础模板计算公式：

$$S = 2(A+B) \times h_1$$

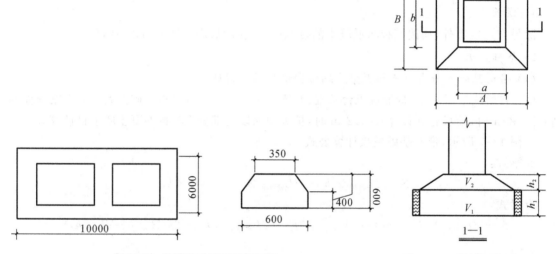

图 18-8 某基础平面图及断面图　　图 18-9 现浇钢筋混凝土独立基础及其模板示意图

如图 18-10 所示，杯形基础模板计算公式：

$$S = 2(A+B) \times h_1 + 2(a+b) \times h_3$$

$$\text{杯芯模板 } S = \frac{1}{2} \left[(a_0+b_0) \times 2 + (a_0'+b_0') \times 2 \right] \times l$$

式中：a_0，b_0——杯芯上口边长；

a_0'，b_0'——杯芯下口边长；

l——杯芯斜高。

例 18-7　如图 18-11 所示，试计算独立基础模板工程量。

【解】　独立基础模板工程量：

$$S = 2(A+B) \times h_1 + 2(a+b) \times h_3 = (1.8 \times 4 \times 0.25 + 0.6 \times 4 \times 0.3) \text{ m}^2 = 2.52 \text{ m}^2$$

（6）设备基础除块体设备基础外，其他如框架设备基础应分别按基础、柱、梁及墙的相应子目计算；楼层面上的设备基础并入板子目计算，如在同一设备基础中部分为块体，部分为框架时，应分别计算。

例 18-8　如图 18-12 所示，试计算现浇混凝土设备基础的模板工程量。

【解】　此工程量按模板与混凝土的接触面积计算。

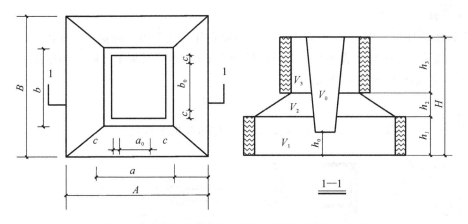

图 18-10　现浇钢筋混凝土杯形基础及其模板示意图

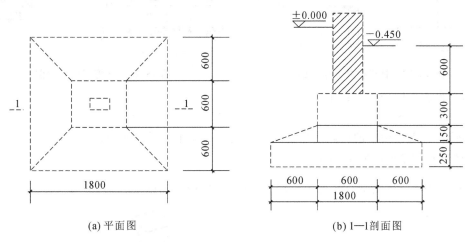

(a) 平面图　　　　　　　　　　　(b) 1—1 剖面图

图 18-11　独立基础

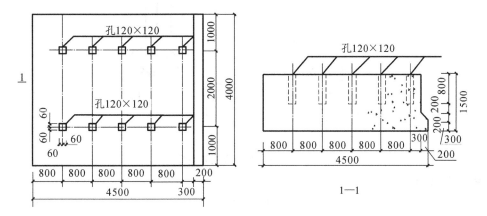

图 18-12　混凝土设备基础示意图

混凝土设备基础的模板工程量：

$$S = [(4.3 \times 2 + 4) \times 1.5 + 4 \times (0.8 + 0.2 + 0.3 + 0.2 \times \sqrt{2}) + 0.2 \times (0.3 \times 2 + 0.2)] \text{ m}^2$$

$$= 25.391 \text{ m}^2$$

3）柱模板

柱模板按柱周长乘以柱高计算,牛腿的模板面积并入柱模板工程量内。如图 18-13 所示。

（1）柱高从柱基或板上表面算至上一层楼板下表面,无梁板算至柱帽底部标高。

独立柱、框架柱模板计算公式：

$$S = C \times H$$

例 18-9 如图 18-14 所示,试计算框架柱的模板工程量。

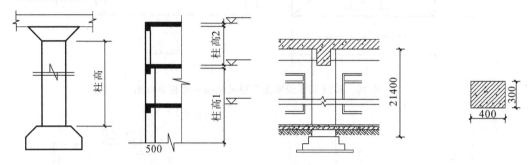

图 18-13 柱模板高度示意图   图 18-14 某框架柱示意图

【解】 框架柱的模板工程量：
$$S = C \times H = [(0.4 + 0.3) \times 2 \times 21.4] \text{ m}^2 = 29.96 \text{ m}^2$$

【解析】 框架柱模板的柱高从柱基或板上表面算至上一层楼板下表面,从图 18-14 可知为 21.4 m,柱周长如断面图所示,为$(0.4 + 0.3) \times 2$ m。

例 18-10 如图 18-15 所示,试计算独立柱的模板工程量。

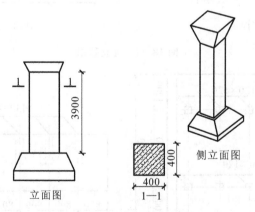

图 18-15 某独立柱示意图

【解】 框架柱的模板工程量：
$$S = C \times H = 0.4 \times 4 \times 3.9 \text{ m}^2 = 6.24 \text{ m}^2$$

【解析】 独立柱模板的柱高从柱基上表面算至柱帽底部标高,从图 18-15 可知为 3.9 m,柱周长如断面图所示,为 0.4×4 m。

（2）构造柱模板。

构造柱应按图 18-16 所示外露部分计算模板面积。带马牙槎构造柱的宽度按马牙槎处的宽度计算。

构造柱转角形式有：一字形、L形、T形、十字形。

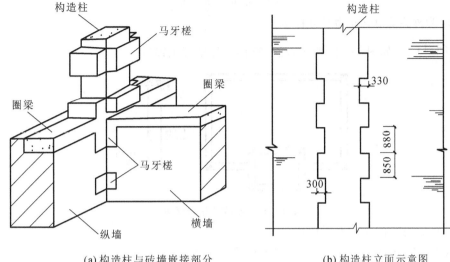

(a) 构造柱与砖墙嵌接部分　　　　　　　(b) 构造柱立面示意图

图 18-16　构造柱示意图

① 一字形转角构造柱(图18-17中红线为支模位置)：

模板工程量计算公式：

$$S = (d_1 + 0.06 \times 2) \times 2 \times h$$

② L形转角构造柱(图18-18中红线为支模位置)：

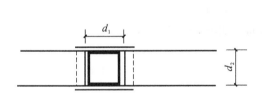

图 18-17　一字形构造柱断面示意图

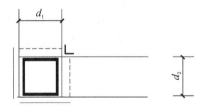

图 18-18　L形构造柱断面示意图

模板工程量计算公式：

$$S = [(d_1 + 0.06) + (d_2 + 0.06) + (0.06 \times 2)] \times h$$

③ T形转角构造柱(图18-19中红线为支模位置)：

模板工程量计算公式：

$$S - [(d_1 + 0.06 \times 2) + (0.06 \times 4)] \times h$$

④ 十字形转角构造柱(图18-20中红线为支模位置)：

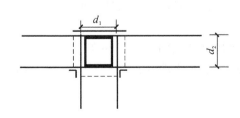

图 18-19　T形构造柱断面示意图

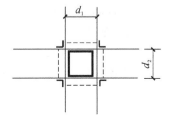

图 18-20　十字形构造柱断面示意图

模板工程量计算公式：

$$S = 0.06 \times 8 \times h$$

式中：d_1、d_2 为外露宽，0.06 为马牙槎宽。

例 18-11 如图 18-21 所示，试计算构造柱模板工程量。

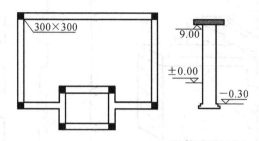

图 18-21 某构造柱示意图

【解】 L 形构造柱模板工程量：

$$S = [(d_1 + 0.06) + (d_2 + 0.06) + (0.06 \times 2)] \times h$$
$$= [(0.3 + 0.06) \times 2 + 0.06 \times 2] \times (9 + 0.3) \times 8 \text{ m}^2 = 7.812 \times 8 \text{ m}^2 = 62.496 \text{ m}^2$$

【解析】 图 18-21 所示为 8 根 L 形构造柱，截面尺寸为 300 mm×300 mm。用公式 $S = [(d_1 + 0.06) + (d_2 + 0.06) + (0.06 \times 2)] \times h$ 计算，其中 $d_1 = d_2 = 300$ mm；h 按净高计算。

4）梁模板

梁模板按与混凝土接触的展开面积计算，梁侧的出沿按展开面积并入梁模板工程量内，梁长的计算按以下规定。

① 梁与柱连接时，梁长算至柱侧面。如图 18-22 所示。

② 主梁与次梁连接时，次梁长算至主梁侧面。如图 18-23 所示。

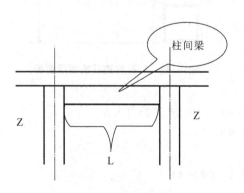

图 18-22 梁与柱连接

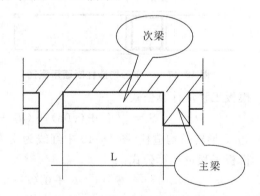

图 18-23 主梁与次梁连接

③ 梁与墙连接时，梁长算至墙侧面。如墙为砌块（砖）墙时，伸入墙内的梁头和梁垫的模板并入梁的工程量内。如图 18-24 所示。

④ 拱形梁、弧形梁不分曲率大小，截面不分形状，均按梁中心部分的弧长计算。

⑤ 圈梁与过梁连接时，过梁长度按门、窗洞口宽度两端共加 500 mm 计算。如图 18-25 所示。

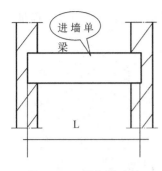

图 18-24　梁与墙连接

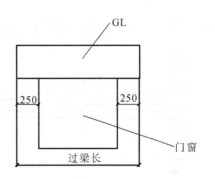

图 18-25　过梁示意图

梁模板由底模、侧模、琵琶撑组成。图 18-26 和图 18-27 所示为圈梁兼过梁示意图。

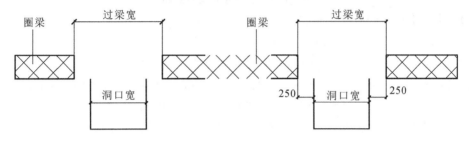

图 18-26　圈梁兼过梁示意图 1

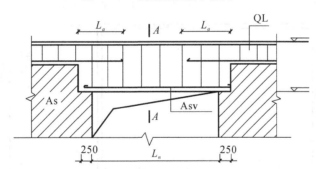

图 18-27　圈梁兼过梁示意图 2

（1）框架梁、过梁模板：三面（两侧及底面）模板梁。

计算公式：

$$S = L(b + 2h)$$

$$S_{GL} = b \times b_{洞} + 2h \times (b_{洞} + 0.5)$$

式中：L——框架梁长；

b——框架梁宽；

h——框架梁高；

$b_{洞}$——门窗洞口宽。

图 18-28 所示为过梁模板示意图。

（2）基础梁、圈梁模板：两面（侧面）模板梁。

计算公式：

$$S = 2Lh - n \times S_0$$

图 18-28　过梁模板示意图

例 18-12 某十字形现浇混凝土梁如图 18-29 所示，试计算梁模板工程量。

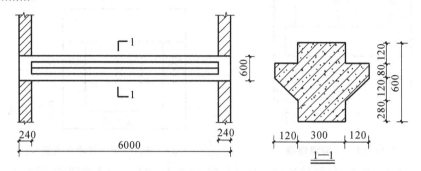

图 18-29 某十字形梁示意图

【解】 十字形单梁模板工程量：

$$S = L(b + 2h)$$
$$L = (6 - 0.24 \times 2) \text{ m} = 5.52 \text{ m}$$
$$b + 2h = (0.3 + 0.28 \times 2 + \sqrt{2} \times 0.12 \times 2 + 0.08 \times 2 + 0.12 \times 2) \text{ m} = 1.599 \text{ m}$$
$$S = 5.52 \times 1.599 \text{ m}^2 = 8.826 \text{ m}^2$$

【解析】 单梁，三面（两侧及底面）模板。梁与墙连接时，梁长算至墙侧面。

例 18-13 如图 18-30 所示，试计算内外墙上圈梁模板工程量。

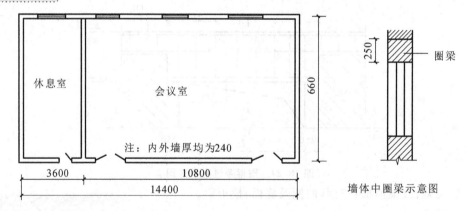

注：内外墙厚均为240

图 18-30 某会议室平面图及圈梁示意图

【解】 圈梁模板工程量：

$$S = 2Lh$$
$$L = [(14.4 + 6.6) \times 2 + (6.6 - 0.24)] \text{ m} = 48.36 \text{ m}$$
$$h = 0.25 \text{ m}$$
$$S = 2 \times 48.36 \times 0.25 \text{ m}^2 = 24.18 \text{ m}^2$$

【解析】 圈梁模板：两面（侧面）模板。圈梁的长度，外墙按中心线，内墙按净长线计算。

例 18-14 如图 18-31 所示，试计算 C-2 上过梁模板工程量。

【解】 门洞口上过梁模板工程量：

$$S_{GL} = b \times b_{洞} + 2h \times (b_{洞} + 0.5) = [0.24 \times 2 + 2 \times 0.2 \times (2 + 0.5)] \text{ m}^2 = (0.48 + 1) \text{ m}^2 = 1.48 \text{ m}^2$$

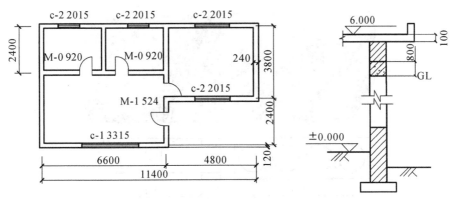

图 18-31　某建筑平面图及过梁示意图

合计 1.48×4 m² $= 5.92$ m²。

5）墙、板模板

墙、板单孔面积≤0.3 m² 的孔洞不予扣除，侧洞壁模板亦不增加；单孔面积＞0.3 m² 时，应予扣除，洞侧壁模板面积并入墙、板模板工程量以内计算。

计算公式：

$$墙模板\ S = 2 \times (L \times H_{净} - S_{MCD}) + S_{MCD侧}$$

板模板：

$$平板模板\ S = S_{底模} + S_{侧模}$$

$$有梁板模板\ S = S_{板} + S_{梁}$$

$$S_{板} = S_{底模} + S_{侧模}$$

$$S_{梁} = 2 \times (梁高\ h - 板厚\ d) \times 梁长\ L$$

$$无梁板模板\ S = S_{板底模} + S_{板侧模} + S_{柱帽}$$

（1）弧形墙、弧形板（不分有梁板、平板）不分曲率大小均按圆弧部分的弓形面积计算，如图 18-32 所示。

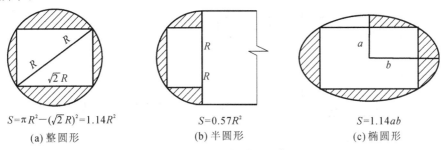

$S = \pi R^2 - (\sqrt{2}R)^2 = 1.14R^2$　　　　$S = 0.57R^2$　　　　$S = 1.14ab$

(a) 整圆形　　　　　　　　　(b) 半圆形　　　　　　　(c) 椭圆形

图 18-32　弧形板模板示意图

（2）空心楼板内模按空心部分体积计算。如图 18-33 所示。

空心楼板内模可采用空心的筒芯、箱体，也可采用轻质实心的筒体、块体；可采用铁制、塑料制，以及高分子聚合材料（塑料泡沫）、胶凝材料加特种纤维制作（BBF 薄壁管、BDF 薄壁箱体、GBF 高强薄壁管）。图 18-34 所示为空心板混凝土浇筑示意图；图 18-35 所示为空心板模板施工流程图。

（3）无梁板（见图 18-36）柱帽模板并入板模板工程量内计算。

（4）不同类型的板连接时，以墙中心线为界。

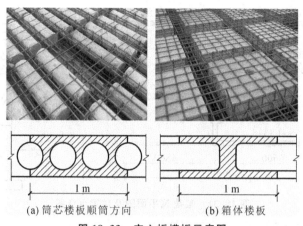

(a) 筒芯楼板顺筒方向　　　　　(b) 箱体楼板

图 18-33　空心板模板示意图

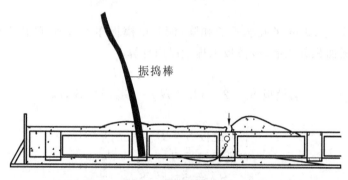

图 18-34　空心板混凝土浇筑示意图

```
安装模板
   ↓
划线定位
   ↓
梁钢筋、板底钢筋、肋间钢筋或网片
   ↓
预应力筋铺设
   ↓
内模安装、采取抗浮技术措施
   ↓
板面钢筋安装
   ↓
混凝土浇筑
   ↓
混凝土养护
   ↓
预应力筋铺设
   ↓
模板拆除
```

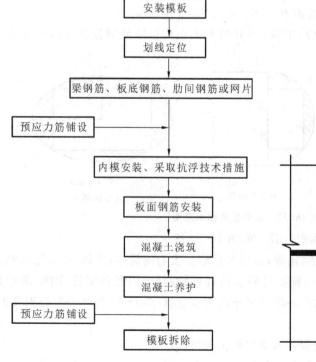

图 18-35　空心板模板施工流程图

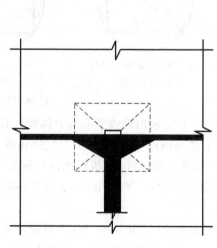

图 18-36　无梁板

例 18-15　如图 18-37 所示，试计算现浇混凝土墙的模板工程量。

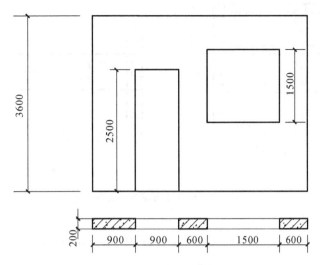

图 18-37　现浇混凝土墙示意图

【解】　$S = 2(L H_净 - S_{MCD}) + S_{MCD侧}$

$\quad = \{2 \times [(0.9 + 0.9 + 0.6 + 1.5 + 0.6) \times 3.6 - 0.9 \times 2.5 - 1.5 \times 1.5]$

$\quad\quad + (0.9 + 2 \times 2.5 + 1.5 \times 4) \times 0.2\}$ m²

$\quad = (2 \times 11.7 + 11.9 \times 0.2)$ m² = 25.78 m²

例 18-16　如图 18-38 所示，试计算现浇混凝土平板的模板工程量。

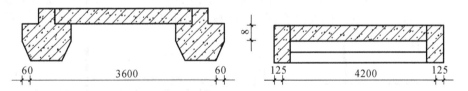

图 18-38　现浇混凝土平板示意图

【解】　　　　　　平板模板 $S = S_{底模} + S_{侧模}$

$$S_{底模} = [(3.6 - 0.06 \times 2) \times (4.2 + 0.125 \times 2)] \text{ m}^2 = 15.486 \text{ m}^2$$

$$S_{侧模} = [(3.6 - 0.06 \times 2 + 4.2 + 0.125 \times 2) \times 2 \times 0.08] \text{ m}^2 = 1.2688 \text{ m}^2$$

$$S = S_{底模} + S_{侧模} = (15.486 + 1.2688) \text{ m}^2 = 16.7548 \text{ m}^2$$

例 18-17　如图 18-39 所示，试计算有梁板模板工程量。

【解】　有梁板模板 $S = S_板 + S_梁$

$S_板 = S_{底模} + S_{侧模} = [(6 \times 2 + 0.4) \times (9 + 0.4) + (6 \times 2 + 0.4 + 9 + 0.4) \times 2 \times 0.1$

$\quad = 116.56 + 43.6 \times 0.1]$ m² = 120.92 m²

$S_梁 = 2 \times (梁高 h - 板厚 d) \times 梁长 L$

$\quad = [2 \times 0.7 \times (9 - 0.4) \times 3 + 2 \times 0.4 \times (6 - 0.4) \times 4 + 2 \times 0.4 \times (12 + 0.4 - 0.3 \times 3) \times 2]$ m²

$\quad = (36.12 + 17.92 + 18.4)$ m² = 72.44 m²

$S = S_板 + S_梁 = (120.92 + 72.44)$ m² = 193.36 m²

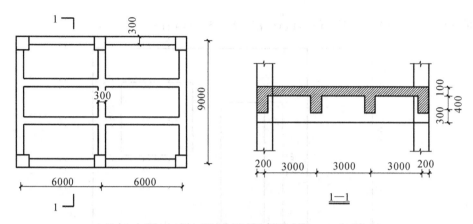

图 18-39　某有梁板平面图及剖面图

6）现浇混凝土框架

现浇混凝土框架分别按柱、梁、板有关规定计算,附墙柱、暗梁、暗柱并入墙工程量内计算。

7）柱、梁、墙、板、栏板相互连接的重叠部分

这些部分均不扣除模板面积。

8）挑檐、天沟

挑檐、天沟与板(包括屋面板、楼板)连接时,以外墙外边线为分界线;与梁(包括圈梁等)连接时,以梁外边线为分界线。外墙外边线以外或梁外边线以外为挑檐、天沟。

9）悬挑板、雨篷、阳台模板

悬挑板、雨篷、阳台按图 18-40 所示外挑部分尺寸的水平投影面积计算。挑出墙外的悬臂梁及板边不另计算。由柱支承的大雨篷,应按柱、板分别计算模板工程量。如图 18-41 所示。

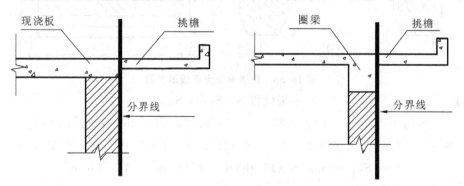

图 18-40　悬挑板、雨篷、阳台模板

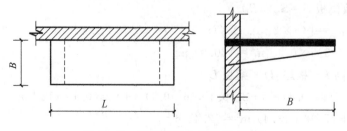

图 18-41　现浇混凝土悬挑板、雨篷

计算公式：

$$模板工程量\ S = L \times B$$

10）楼梯模板

楼梯按水平投影面积计算。不扣除宽度≤500 mm 楼梯井所占面积，楼梯的踏步、踏步板、平台梁等侧面模板不另行计算，伸入墙内部分亦不增加。当整体楼梯与现浇楼板无梯梁连接时，以楼梯的最后一个踏步边缘加 300 mm 为界。

例 18-18　如图 18-42 所示，试计算现浇混凝土楼梯的模板工程量。

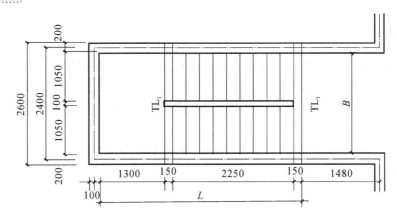

图 18-42　某楼梯平面图

【解】　楼梯模板工程量：

$$S = L \times B = [(1.3 - 0.1 + 0.15 + 2.25 + 0.15) \times (2.4 - 0.2)]\ \mathrm{m}^2 = (3.75 \times 2.2)\ \mathrm{m}^2$$
$$= 8.25\ \mathrm{m}^2$$

11）凸出的线条模板

凸出的线条模板增加费，以凸出棱线的道数分别按长度计算，两条及多条线条相互之间的净距小于 100 mm 的，每两条按一条计算。

12）台阶模板

台阶不包括梯带，按图 18-43 所示尺寸的水平投影面积计算，台阶与平台连接时，以最上层踏步外沿加 300 mm 为界。台阶端头两侧不另计算模板面积；架空式台阶按现浇楼梯计算。

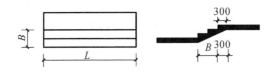

图 18-43　现浇混凝土台阶

计算公式：

$$台阶模板\ S = L \times (B + 0.3)$$

13）后浇带

后浇带按模板与后浇带的接触面积计算。

14）零星构件、电缆沟、地沟、扶手压顶、检查井及散水

零星构件、电缆沟、地沟、扶手压顶、检查井及散水按模板与混凝土的接触面积计算。

15）现场预制零星构件

现场预制零星构件按设计图示尺寸以混凝土构件体积计算。

任务 4 垂直运输及超高施工增加

1. 定额说明

（1）本章建筑物高度为设计室内地坪(±0.000)至檐口屋面结构板面。凸出主体建筑屋顶的电梯间、楼梯间、水箱间等不计入檐口高度之内。

（2）同一建筑物多跨檐高不同时，分别计算建筑面积，按各自的建筑物高度执行相应定额子目。

（3）檐高 3.6 m 以内的单层建筑，不计算垂直运输机械台班。

（4）定额内不同建筑物高度的垂直运输机械子目按层高 3.6 m 考虑，超过 3.6 m 者，应另计层高超高垂直运输增加费，每超过 1 m，其超过部分按相应定额子目增加 10%，超过不足 1 m，按 1 m 计算。

（5）大型连通地下室的垂直运输机械，按独立地下室相应子目执行。

（6）垂直运输工作内容，包括单位工程在合理工期内完成全部工程项目所需要的垂直运输机械台班。不包括机械的场外往返运输，一次安拆及路基铺垫和轨道铺拆等的费用。

（7）建筑物超高增加人工、机械定额适用于檐高高度超过 20 m(6 层)的建筑物。

2. 工程量计算规则

（1）建筑物的垂直运输应区分不同建筑物高度按建筑面积计算。

（2）建筑物有高低层时，应按不同高度的垂直分界面分别计算建筑面积。

（3）超出屋面的楼梯间、电梯机房、水箱间、塔楼等可计算建筑面积，但不计算高度。

（4）有地下室的建筑物(除大型连通地下室外)，其地下室面积与地上面积合并计算。

（5）独立地下室及大型连通地下室则单独计算建筑面积。大型连通地下室与地上建筑物的面积划分，按地下室与地上建筑物接触面的水平界面分别计算建筑面积。

（6）垂直运输按泵送混凝土考虑，如采用非泵送，除按相应定额子目执行外，可另增加垂直运输台班用量，增加的台班用量按相应定额子目消耗量乘以系数 6%，再乘以非泵送混凝土数量占全部混凝土数量的百分比计算。

（7）输送泵、输送泵车、输送泵管工程量按以下规定计算。

① 垂直泵管安拆按设计室内地坪(±0.000)至屋面檐口板面加 500 mm 以长度计算。

② 水平泵管安拆按建筑物外墙周长的一半以长度计算。

③ 泵管使用按天·m 计算。使用天数按施工组织设计确定的天数计算。

④ 输送泵车及输送泵按泵送混凝土相应定额子目的混凝土消耗量以体积计算。

⑤ 施工组织设计采用二级及二级以上输送泵者，二级时按输送泵定额消耗量乘以 2 计算，

以此类推。

（8）建筑物超高施工增加的人工、机械按建筑物超高部分的建筑面积计算。

任务 5 大型机械设备进出场及安拆

1. 定额说明

（1）大型机械进出场及安拆费是指机械整体或分体自停放场地运至施工现场或由一个施工地点运至另一个施工地点所发生的机械进出场运输和转移费用，以及机械在施工现场进行安装、拆卸所需的人工费、材料费、机械费、试运转费和安装所需的辅助设施的费用。

（2）大型机械进出场费包括以下几方面。

① 进出场往返一次的费用。

② 臂杆、铲斗及附件、道木、道轨等的运输费用。

③ 机械运输路途中的台班费，不另计取。

④ 垂直运输机械（塔吊）若在一个建设基地内的单位工程之间的转移，每转移一个单位工程按相应大型机械进出场及安拆费的 60% 计取。

（3）大型机械安拆费包括以下几方面。

① 机械安装、拆卸的一次性费用。

② 机械安装完毕后的试运转费用。

（4）塔式起重机及施工电梯的基础按施工组织设计方案计算，执行相应章节定额子目。

2. 工程量计算规则

大型机械设备进出场及安拆按台次计算。

任务 6 施工排水、降水

1. 定额说明

（1）承压井、观察井定额按井深 40 m 编制。设计与定额不同时，每增减 1 m 按真空深井降水相应定额子目执行。

（2）轻型井点以 50 根为一套，喷射井点以 30 根为一套。使用时累计根数轻型井点少于 25 根，喷射井点少于 15 根，使用费按相应定额子目乘以系数 0.7。

（3）井管间距应根据地质条件和施工降水要求，按施工组织设计确定，施工组织设计无规定时,可按轻型井点管距 1.2 m、喷射井点管距 2.5 m 确定。

(4)井点、井管的使用应以每昼夜 24 h 为一天,使用天数按施工组织设计确定的天数计算。

2. 工程量计算规则

1)坑外井

(1)基坑外观察、承压水井的安拆按座计算。

(2)承压水井的使用按座×天计算。

2)基坑明排水

(1)集水井安拆按座计算。

(2)集水井抽水按座×天计算。

3)真空深井降水

(1)真空深井降水按座计算。

(2)真空深井使用按座×天计算。

4)轻型井点、喷射井点

(1)井管的安装、拆除以根计算。

(2)井管的使用以套×天计算。

附录 A

建筑工程主要材料损耗率取定表及实例图

附表 A-1　模板一次量使用表　　　　　单位:100 m² 模板接触面积

序　号	项　　目	模板种类	组合式钢模	复合模板	钢支撑（含钢连杆）	零星卡具	扣　件
			kg	m²	kg	kg	只
1	垫层	钢模板	3544.20	0.00	0.00	297.00	0.00
2		复合模板	0.00	100.00	0.00	0.00	0.00
3	带形基础	钢模板	3544.20	0.00	2818.70	300.00	0.00
4		复合模板	0.00	100.00	3831.05	0.00	300.00
5	基坑支撑	钢模板	3544.20	0.00	2876.04	300.00	0.00
6		复合模板	0.00	101.20	0.00	0.00	0.00
7	独立基础	钢模板	3934.67	0.00	0.00	300.00	0.00
8		复合模板	0.00	101.20	0.00	0.00	0.00
9	杯型基础	钢模板	3527.54	0.00	4305.92	300.00	307.69
10		复合模板	0.00	99.69	5848.87	0.00	712.87
11	高杯基础	钢模板	3736.37	0.00	3454.04	297.29	0.00
12		复合模板	0.00	100.51	4885.27	0.00	463.26
13	杯芯	复合模板	0.00	96.73	0.00	0.00	0.00
14	无梁式满堂基础	钢模板	3556.37	0.00	3096.60	300.00	0.00
15		复合模板	0.00	100.12	2064.40	0.00	0.00
16	有梁式满堂基础	钢模板	3580.00	0.00	3109.17	300.00	0.00
17		复合模板	0.00	99.77	2501.03	0.00	63.26
18	带形桩承台基础	钢模板	3544.20	0.00	2652.89	300.00	0.00
19		复合模板	0.00	100.32	4411.52	0.00	500.46
20	独立桩承台基础	钢模板	3509.13	0.00	3208.31	300.00	232.56
21		复合模板	0.00	99.94	4270.38	0.00	520.48
22	设备基础	钢模板	3628.93	0.00	1633.74	1.66	0.00
23		复合模板	0.00	100.67	2676.07	0.00	2037.04
24	连续墙导墙	钢模板	3870.14	0.00	0.00	900.00	0.00
25		复合模板	0.00	102.94	0.00	0.00	0.00
26	矩形柱	钢模板	3797.81	0.00	2777.15	843.79	237.22
27		复合模板	0.00	105.03	6745.58	0.00	87.55
28	框架柱接头	复合模板	0.00	100.00	15106.36	0.00	2803.42
29	构造柱	钢模板	5415.18	0.00	2363.10	1205.36	1190.48
30		复合模板	0.00	121.85	6534.98	0.00	1646.09

序 号	项 目	模板种类	组合式钢模 kg	复 合 模 板 m²	钢支撑 （含钢连杆） kg	零星卡具 kg	扣 件 只
31	异形柱	钢模板	3214.60	0.00	1580.57	713.79	287.36
32		复合模板	0.00	103.00	4245.69	0.00	1416.67
33	圆形柱	复合模板	0.00	101.95	1541.70	0.00	254.65
34	基础梁	钢模板	3870.14	0.00	0.00	900.00	0.00
35		复合模板	0.00	102.88	0.00	0.00	0.00
36	矩形梁	钢模板	3744.39	0.00	3024.38	900.00	254.08
37		复合模板	0.00	102.48	7915.96	0.00	1842.59
38	异形梁	钢模板	3792.48	0.00	4814.23	900.21	0.00
39		复合模板	0.00	102.49	7609.95	0.00	784.03
40	圈梁	钢模板	4430.25	0.00	0.00	900.00	0.00
41		复合模板	0.00	125.00	0.00	0.00	0.00
42	过梁	钢模板	3846.21	0.00	2468.62	993.10	172.41
43		复合模板	0.00	104.66	6844.83	0.00	2413.79
44	弧形梁	复合模板	0.00	101.64	13014.38	0.00	1300.00
45	拱形梁	复合模板	0.00	101.64	9404.00	0.00	2107.23
46	地下室墙、挡土墙	钢模板	3580.00	0.00	2545.68	690.00	56.82
47		复合模板	0.00	100.00	1793.27	0.00	37.88
48	直形墙、电梯井壁	钢模板	3506.94	0.00	2591.44	675.92	32.01
49		复合模板	0.00	100.00	1912.72	0.00	32.01
50	弧形地下室墙、挡土墙	复合模板	0.00	100.00	2034.63	0.00	19.44
51	弧形墙	复合模板	0.00	100.00	2034.63	0.00	19.44
52	短肢剪力墙	钢模板	3506.94	0.00	2591.44	675.92	32.01
53		复合模板	0.00	101.09	3188.03	0.00	50.51
54	有梁板	钢模板	3576.35	0.00	4638.56	696.99	498.21
55		复合模板	0.00	100.00	5266.72	0.00	1207.08
56	无梁板	钢模板	4669.59	0.00	4844.99	688.50	506.12
57		复合模板	0.00	100.00	7249.32	0.00	1819.46
58	平板	钢模板	3556.52	0.00	5692.20	690.00	466.30
59		复合模板	0.00	100.00	6781.76	0.00	1411.04

序 号	项 目	模板种类	组合式钢模	复合模板	钢支撑（含钢连杆）	零星卡具	扣 件
			kg	m²	kg	kg	只
60	拱形板	复合模板	0.00	100.00	6094.50	0.00	1231.61
61	薄壳板	复合模板	0.00	100.00	6094.50	0.00	1231.61
62	空心板	钢模板	3556.52	0.00	5692.20	690.00	466.30
63		复合模板	0.00	100.00	5341.64	0.00	930.00
64	弧形板	复合模板	0.00	101.72	9383.61	0.00	1753.24
65	栏板	复合模板	0.00	106.43	0.00	0.00	0.00
66	挑檐天沟	钢模板	2547.74	0.00	4723.04	471.46	368.44
67		复合模板	0.00	101.70	3694.72	0.00	886.79
68	雨篷、悬挑板	复合模板	0.00	132.42	9352.02	0.00	1781.94
69	有梁阳台	钢模板	1790.25	0.00	6386.25	345.05	347.27
70		复合模板	0.00	101.66	8701.75	0.00	1198.40
71	无梁阳台	钢模板	2882.06	0.00	5917.27	555.48	229.36
72		复合模板	0.00	117.52	8618.23	0.00	1701.21
73	整体楼梯	钢模板	3353.95	0.00	2595.89	628.06	88.28
74		复合模板	0.00	70.65	5526.97	0.00	719.00
75	旋转楼梯	钢模板	0.00	152.62	3692.09	0.00	335.74
76	墙体导墙	复合模板	0.00	100.00	4509.92	0.00	2400.00
77	零星构件	复合模板	0.00	102.99	0.00	0.00	0.00
78	电缆沟	复合模板	0.00	99.63	0.00	0.00	0.00
79	砼地沟 沟底	复合模板	0.00	100.00	0.00	0.00	0.00
80	砼地沟 沟壁	复合模板	0.00	107.50	0.00	0.00	0.00
81	砼地沟 沟盖	复合模板	0.00	78.95	0.00	0.00	0.00
82	台阶	复合模板	0.00	100.00	0.00	0.00	0.00
83	扶手	复合模板	0.00	88.48	0.00	0.00	0.00
84	散水	复合模板	0.00	100.00	0.00	0.00	0.00
85	后浇带 满堂基础	复合模板	0.00	183.00	9825.75	0.00	562.50
86	后浇带 梁	复合模板	0.00	187.12	25358.38	0.00	6500.00
87	后浇带 板	复合模板	0.00	183.00	12143.36	0.00	2394.78
88	后浇带 墙	复合模板	0.00	183.00	3176.00	0.00	0.00
89	检查井 底	复合模板	0.00	100.00	0.00	0.00	0.00
90	检查井 壁	复合模板	0.00	100.00	2050.99	0.00	0.00
91	检查井 顶	复合模板	0.00	100.00	10217.03	0.00	1967.05

附表 A-2　建筑工程主要材料损耗率取定表

序号	材料名称	工程部位及用途	损耗率/(%)
1	成型钢筋	逆作法 桩柱	1.5
2	成型钢筋	逆作法 墙、板	1
3	成型钢筋	钢筋混凝土工程	1
4	预应力粗钢筋	后张法预应力	13
5	钢筋(圆钢、箍筋)	现场制作、安装	2
6	钢筋(螺纹钢)	现场制作、安装	2.5
7	钢丝束、钢绞线	后张法预应力	2.5
8	压型钢板	楼面、墙面	6
9	型钢龙骨	墙面	6
10	钢连杆	模板	1
11	钢拉杆	模板	1
12	扣件	脚手架、模板	2
13	钢板网	墙面、天棚	5
14	声测管(钢管、钢制波纹管、塑料管)	桩	6
15	直螺纹套筒		1
16	不锈钢板	天沟、泛水、变形缝	5
17	不锈钢板	天棚	5
18	压型彩钢板	楼板、墙面、屋面	6
19	彩钢夹芯板	屋面	5
20	彩钢夹芯板	墙面	6
21	组合钢模板	模板	1
22	零星卡具	模板	1
23	钢支撑钢管	模板	1
24	螺栓	预埋螺栓	1
25	脚手架钢管	脚手架	4
26	木模板	模板	5
27	复合模板	模板	5
28	各类钢筋混凝土桩		1
29	水泥	地基处理	2
30	毛石	地基处理、道路	2
31	土工布	地基处理	10
32	黄砂 中砂	地基处理、垫层、道路	2
33	石英砂	防腐面层	2

续表

序号	材料名称	工程部位及用途	损耗率/(%)
34	碎石	地基处理、垫层、道路	2
35	白水泥白石子浆	抹灰面	3
36	预拌混凝土	逆作法	1.5
37	预拌水下混凝土	地下连续墙、钻孔灌注桩	1
38	预拌混凝土	混凝土及钢筋混凝土工程	1
39	装配式预制构件	装配式预制构件安装	0.5
40	蒸压灰砂砖	砖基础、实砌墙	1.8
41	蒸压灰砂多孔砖	砌墙	2.5
42	加气混凝土砌块	砌墙	5
43	混凝土小型空心砌块	砌墙	3
44	砂加气混凝土砌块	砌墙	5
45	假麻石砖	墙面	3
46	假麻石砖	柱梁面、零星项目	6
47	金属面砖	墙面	3
48	劈离砖	墙面	3
49	瓷砖	墙面	3
50	瓷砖	柱面、零星项目	6
51	瓷砖阴阳角条(压顶条)	墙面	3
52	波形面砖	墙面	3
53	波形面砖	柱面、零星项目	6
54	玻化砖	墙面	4
55	玻化砖	柱面、零星项目	6
56	陶瓷锦砖(马赛克)	地面、墙面、墙裙	2
57	陶瓷锦砖(马赛克)	柱面、零星项目	3
58	地砖	地面	2
59	广场砖(不拼图案)	地面	4
60	广场砖(拼图案)	地面	6
61	石材圆弧形饰面板	柱面	1.5
62	凹凸毛石板	墙面	6
63	凹凸毛石板	柱梁面、零星项目	6
64	装饰浮雕	墙面	1
65	玻璃纤维增强水泥墙板(GRC)	墙面	3
66	电化铝板	墙面	10

续表

序号	材料名称	工程部位及用途	损耗率/(%)
67	铝塑板	墙面、天棚	10
68	混凝土瓦	屋面	2.5
69	石英粉	防腐面层	1.5
70	耐酸瓷砖(230×113×65)	防腐面层	4
71	耐酸瓷板(150×150×30)	防腐面层	4
72	耐酸陶板(150×150×30)	防腐面层	4
73	耐酸混凝土	防腐面层	1
74	耐酸胶泥	防腐块料铺砌、勾缝	5
75	花岗岩板	防腐平面	1.5
76	花岗岩板	防腐里面	2
77	抽芯铝铆钉	钢板楼板、墙板	10
78	高强螺栓、剪力栓钉、花篮螺栓	金属结构工程	2
79	塑料膨胀螺栓	地面、墙柱面	2
80	镀锌铁丝	脚手架	2
81	镀锌铁丝	桩基	2
82	电焊条	桩基	3
83	电焊条	门窗安装	2
84	氧气	地基处理、桩基、钢构件安装	10
85	乙炔气	地基处理、桩基、钢构件安装	10
86	改性沥青油膏	屋面防水	2
87	防水卷材	屋面、墙面、地面	1
88	橡胶板卷材	楼地面	10
89	塑料板卷材	楼地面	10
90	二甲苯	防水、防腐	10
91	环氧树脂	防水、防腐	5
92	玻璃胶	门安装	5
93	聚醋酸乙烯乳胶(白胶)	油漆涂料	2.5
94	聚丁胶黏合剂	屋面防水	2
95	油漆溶剂油	油漆涂料	2
96	石膏粉	油漆	3
97	各类油漆	木材面	2.5
98	各类油漆	墙面	3
99	防火涂料	木材面	3

序号	材 料 名 称	工程部位及用途	损耗率/(%)
100	乳胶漆	油漆涂料	3
101	腻子粉	油漆涂料	5
102	清油	油漆涂料	4
103	墙纸（对花）	墙面、天棚	16
104	墙纸（不对花）	墙面、天棚	10
105	金属墙纸	墙面、天棚	15
106	干混砌筑砂浆	砖砌体、石砌体	2.5
107	砂加气混凝土砌块专用黏结砂浆	砌块砌体	4
108	干混地面砂浆	楼地面装饰	2.5
109	干混抹灰砂浆	墙、柱面、天棚装饰	2.5
110	素水泥浆	地面、墙面	1
111	干混界面砂浆	墙面、天棚	2.5
112	砌块面界面砂浆	墙面	2.5
113	黏合剂	楼地面石材	2.5
114	黏合剂	墙面石材	2.5
115	泡沫玻璃保温板	屋面、墙面保温	2
116	玻璃纤维增强石膏	墙面保温	17
117	镭射玻璃	墙面	3
118	镭射玻璃	地面	3
119	镭射玻璃	墙、柱面	6
120	镭射玻璃	天棚	5
121	镭射玻璃	墙面、天棚	5
122	彩绘玻璃	天棚	5
123	钢化玻璃	幕墙、隔断	5
124	夹层玻璃	雨篷	3
125	中空玻璃	天棚	5
126	环氧树脂胶泥	防腐	5
127	SBS 改性沥青防水卷材	屋面防水	2
128	金属百叶护栏、栅栏、网栏		1
129	屋面檩木		5
130	木屋面板		3.3
131	硬木饰面板	墙面	1
132	涂装板	墙面	3

续表

序号	材料名称	工程部位及用途	损耗率/(%)
133	矿棉板	天棚	5
134	镜面玲珑板	天棚	5
135	铝合金方板	天棚	3
136	铝合金扣板	天棚	5
137	空腹PVC扣板	天棚	5
138	铁栏杆铁扶手		1
139	铁栏杆铁扶手		1
140	铸铁花式栏杆木扶手		1
141	欧式栏杆带扶手		1
142	木门框		2
143	石材门窗套		6
144	木质饰面板	门窗套、窗台板	10
145	石材窗台板		5
146	木质窗台板		1
147	窗帘盒		1
148	靠墙扶手(木质、塑料)		2
149	靠墙扶手(不锈钢管)		6
150	PVC-U加筋管	排水管	6
151	聚乙烯双壁波纹管(HDPE管)	排水管	6
152	各类窨井盖座		1
153	地板	楼地面	5
154	木格栅	楼地面	5
155	块毯	楼地面	3
156	织锦缎	墙面、天棚	16
157	美术字		1
158	水泥石子浆	水刷石	3
159	水泥石子浆	水磨石	2
160	石材块料	地面、墙面	2
161	石材块料	柱面、零星项目	6
162	石材块料(拼花)	地面	4
163	玻化砖 周长800 mm以内	地面	2
164	玻化砖 周长800 mm以内	柱面、零星项目	3
165	玻化砖 周长800 mm以内	地面	6

序号	材料名称	工程部位及用途	损耗率/(%)
166	玻化砖 周长 2400 mm 以内	墙面	4
167	玻化砖 周长 2400 mm 以内	地面	4
168	玻化砖 周长 3000 mm 以内	墙面	4
169	玻化砖 周长 3000 mm 以外	墙面	5
170	面砖(不锈钢背栓)	墙面	6
171	广场砖(拼图案)	地面	4
172	广场砖(不拼图案)	地面	2
173	橡胶板	楼地面	5
174	塑料板	楼地面	5
175	地毯	楼地面	5
176	地毯胶垫	楼地面	5
177	毛地板	楼地面	5
178	防静电地板	楼地面	5
179	智能化活动地板	楼地面	5
180	大方材	逆作法、边坡支护、打桩、金属构件安装、木结构	5
181	小方材	混凝土模板及支架	5
182	木成材	预制构件、墙面装饰	5
183	各类装饰线		2
184	保温装饰复合板	墙面保温	7
185	石膏复合装饰板	天棚	6
186	纸面石膏板	墙面、天棚	6
187	变形缝金属盖面	变形缝	2
188	建筑油膏	变形缝	6
189	聚氯乙烯胶泥	变形缝	5
190	胶合板	基层、面层、墙面、天棚	5
191	轻钢龙骨	墙面	6
192	木龙骨	墙、柱面、天棚	5
193	塑钢隔断	隔断	5
194	轻钢龙骨(平面、跌级)	天棚	1
195	轻钢艺术造型龙骨(矩形、阶梯形、圆形、弧拱形)	天棚	1
196	轻钢大龙骨 DC60	天棚	6
197	轻钢大龙骨 DC45	天棚	6
198	金属压辊	地毯踏步压辊	1

序号	材 料 名 称	工程部位及用途	损耗率/（%）
199	金属压板	地毯踏步压辊	6
200	铝合金条板	隔断、天棚	3
201	板条	墙面、天棚	5
202	清水板条	天棚	5
203	直条形铝合金格栅	天棚	5
204	镀锌通丝螺杆	天棚	2
205	水泥木丝板	天棚	5
206	木质装饰板	天棚	10
207	多边形铝合金空腹格栅	天棚	5
208	装饰网架天棚	天棚	1
209	送（回）风口		1
210	门锁及特殊五金	门窗五金	1
211	树脂珍珠岩板	屋面保温	2
212	预拌轻集料混凝土	屋面、地面	1
213	高强度珍珠岩板	屋面保温	2.7
214	水泥珍珠岩板	墙面保温	2
215	水泥珍珠岩板	柱面保温	4
216	发泡水泥板	墙面保温	3
217	阳光板	屋面	7
218	水泥基渗透结晶防水涂料	防水涂料	2.5
219	聚合物水泥防水涂料	防水涂料	2.5
220	阻燃聚丙烯板	防水涂料	5
221	塑料排气管	保温排气管	1.5
222	塑料落水管	排水	5
223	塑料落水斗	排水	2

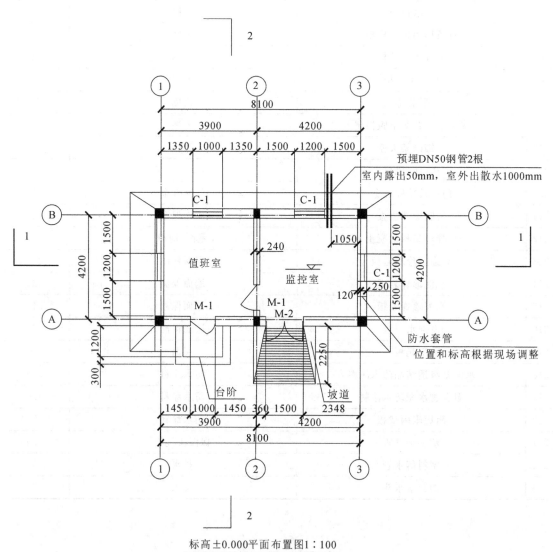

标高±0.000平面布置图1：100

附图A-1　标高±0平面布置图

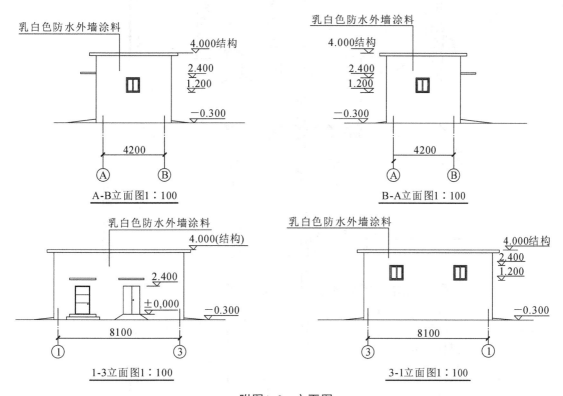

乳白色防水外墙涂料

4.000结构
2.400
1.200
−0.300
4200
Ⓐ   Ⓑ
A-B立面图1：100

乳白色防水外墙涂料

4.000结构
2.400
1.200
−0.300
4200
Ⓐ   Ⓑ
B-A立面图1：100

乳白色防水外墙涂料

4.000(结构)
2.400
±0.000
−0.300
8100
①   ③
1-3立面图1：100

乳白色防水外墙涂料

4.000结构
2.400
1.200
−0.300
8100
③   ①
3-1立面图1：100

附图A-2　立面图

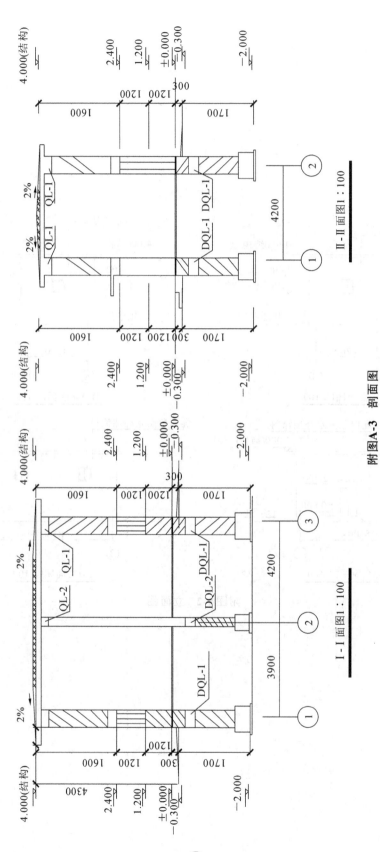

附图A-3 剖面图

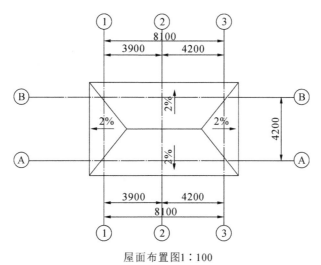

屋面布置图1:100

附图A-4 屋面布置图

参 考 文 献

[1] 上海市住房和城乡建设管理委员会.上海市建筑和装饰工程预算定额 SH01-31-2016[M].
　　上海:同济大学出版社,2017.
[2] 建筑工程建筑面积计算规范 GB/T 50353—2013.
[3] 张国栋.一图一算之建筑工程造价[M].北京:机械工业出版社,2010.
[4] 张国栋.一图一算之装饰装修工程造价[M].北京:机械工业出版社,2010.